院士解锁中国科技 航空卷

房建成 向锦武 主笔

一飞，再飞的大国重器

主编单位：中国编辑学会 中国科普作家协会

中国少年儿童新闻出版总社
中国少年儿童出版社
北京

U0222599

图书在版编目（CIP）数据

一飞，再飞的大国重器 / 房建成，向锦武主笔. -- 北京 : 中国少年儿童出版社，2023.12
（院士解锁中国科技）
ISBN 978-7-5148-8527-9

Ⅰ．①一… Ⅱ．①房… ②向… Ⅲ．①航空－少儿读物 Ⅳ．①V2-49

中国国家版本馆CIP数据核字(2023)第240065号

YI FEI ZAI FEI DE DA GUO ZHONG QI
（院士解锁中国科技）

出 版 发 行： 中国少年儿童新闻出版总社
中国少年儿童出版社

执行出版人：张晓楠

责任编辑：王志宏　杨　靓　李慧远			封面设计：许文会	
助理编辑：罗　蔚			版式设计：施元春	
美术编辑：张　颖　朱莉荟　彭　琳　殷　亮			形象设计：冯衍妍	
王富宾　张　璐　赫惠倩　杨　蒙			责任校对：夏明媛	
冯衍妍			责任印务：李　洋	
插　　图：任　嘉　崔占成　李维娜　王华文				
张晓君　聂　辉　郭丽超　牟悠然				

社　　址：北京市朝阳区建国门外大街丙12号	邮政编码：100022
编 辑 部：010-57526809	总 编 室：010-57526070
发 行 部：010-57526258	官方网址：www.ccppg.cn

印刷：北京利丰雅高长城印刷有限公司

开本：720mm×1000mm 1/16	印张：9.5
版次：2023年12月第1版	印次：2023年12月第1次印刷
字数：200千字	印数：1－10000册

ISBN 978-7-5148-8527-9　　　　　　　　　　定价：45.00元

图书出版质量投诉电话：010-57526069，电子邮箱：cbzlts@ccppg.com.cn

"院士解锁中国科技"丛书编委会

本书创作团队

主　笔
房建成　向锦武

创作团队
（按姓氏笔画排列）

王鑫邦　汤晓蕾　李　镜　吴佩新

陈　肖　武瑾媛　周好楠　贾凯诚

"院士解锁中国科技"丛书编辑团队

项目组组长
缪　惟　郑立新

专项组组长
胡纯琦

文稿审读
何强伟　陈　博　李　樟　李晓平　王仁芳　王志宏

美术监理
许文会　高　煜　徐经纬　施元春

丛书编辑
（按姓氏笔画排列）

于歆洋　万　颐　马　欣　王　燕　王小鲲　王仁芳　王志宏　王富宾　尹　丽　叶　丹
包萧红　冯衍妍　朱　曦　朱国兴　朱莉荟　任　伟　邬彩文　刘　浩　许文会　孙　彦
孙美玲　李　伟　李　华　李　萌　李　源　李　樟　李心泊　李晓平　李海艳　李慧远
杨　靓　杨　蒙　余　晋　张　颖　张　璐　张颖芳　陈亚南　罗　蔚　金银銮　柯　超
施元春　祝　薇　秦　静　徐经纬　徐懿如　殷　亮　高　煜　曹　靓　曹　媛　彭　琳
韩春艳　赫惠倩

前　言

　　"院士解锁中国科技"丛书是一套由院士牵头创作的少儿科普图书，每卷均由一位或几位中国科学院、中国工程院的院士主笔，每位都是各自领域的佼佼者、领军人物。这么多院士济济一堂，亲力亲为，为少年儿童科普作品担纲写作，确为中国科普界、出版界罕见的盛举！

　　参与这套丛书领衔主笔的诸位院士表达了让人不能不感动的一个心愿：要通过这套科普图书，把科技强国的种子，播撒到广大少年儿童的心田，希望他们成长为伟大祖国相关科学领域的、继往开来的、一代又一代的科学家与工程技术专家。

　　主持编写这套丛书的中国少年儿童新闻出版总社是很有眼光、很有魄力的。在这些年我国少儿科普主题图书出版已经很有成绩、很有积累的基础上，他们策划设计了这套集约化、规模化地介绍推广我国顶级高端、原创性、引领性科技成果的大型科普丛书，践行了习近平总书记关于"科技创新、科学普及是实现创新发展的两翼，要把科学普及放在与科技创新同等重要的位置"的重要思想，贯彻了党的二十大关于"教育强国、科技强国、人才强国"的战略要求，将全民阅读与科学普及相结合，用心良苦，投入显著，其作用和价值都让人充满信心。

　　这套丛书不仅内容高端、前瞻，而且在图文编排上注意了从问题入手和兴趣导向，以生动的语言讲述了相关领域的科普知识，充分照顾到了少年儿童的阅读心理特征，向少年儿童呈现我国科技事业的辉煌和亮点，弘扬科学家精神，阐释科技对于国家未来发展的贡献和意义，有力地服务于少年儿童的科学启蒙，激励他们树立逐梦科技、从我做起的雄心壮志。

院士团队与编辑团队高质量合作也是这套高新科技内容少儿科普图书的亮点之一。中国少年儿童新闻出版总社集全社之力，组织了6个出版中心的50多位文、美编辑参与了这套丛书的编辑工作。编辑团队对文稿设计的匠心独运，对内容编排的逻辑追溯，对文稿加工的科学规范，对图文融合的艺术灵感，每每都能让人拍案叫绝，产生一种"意料之外、情理之中"的获得感。

丛书在编写创作的过程中，专门向一些中小学校的同学收集了调查问卷，得到了很多热心人士的大力帮助，在此，也向他们表示衷心的感谢！

相信并祝福这套大型系列科普图书，成为我国少儿主题出版图书进入新时代的一个重要的标本，成为院士亲力亲为培养小小科学家、小小工程师的一套呕心沥血的示范作品，成为服务我国广大少年儿童放飞科学梦想、创造民族辉煌的一部传世精品。

郝振省

中国编辑学会会长

前　言

科技关乎国运，科普关乎未来。

一个国家只有拥有强大的自主创新能力，才能在激烈的国际竞争中把握先机、赢得主动。当今中国比过去任何时候都需要强大的科技创新力量，这离不开科学家创新精神的支撑。加强科普作品创作，持续提升科普作品原创能力，聚焦"四个面向"创作优秀科普作品，是每个科技工作者的责任。

科普读物涵盖科学知识、科学方法、科学精神三个方面。"院士解锁中国科技"丛书是一套由众多院士团队专为少年儿童打造的科普读物，站位更高，以为中国科学事业培养未来的"接班人"为出发点，不仅让孩子们了解中国科技发展的重要成果，对科学产生直观的印象，感知"科技兴则民族兴，科技强则国家强"，而且帮助孩子们从中汲取营养，激发创造力与想象力，唤起科学梦想，掌握科学原理，建构科学逻辑，从小立志，赋能成长。

这套丛书的创作宗旨紧跟国家科技创新的步伐，遵循"知识性、故事性、趣味性、前沿性"，依托权威专业、阵容强大的院士团队，尊重科学精神，内容细化精确，聚焦中国科学家精神和中国重大科技成就。在创作中，院士团队遵循儿童本位原则，既确保了科学知识内容准确，又充分考虑了少年儿童的理解能力、认知水平和审美需求，深度挖掘科普资源，做到通俗易懂。丛书通过一个个生动的故事，充分体现出中国科学家追求真理、解放思想、勤于思辨的求实精神，是中国科学家将爱国精神与科学精神融为一体的生动写照。

　　为确保丛书适合少年儿童阅读，院士团队与编辑团队通力合作。在创作过程中，每篇文章都以问题形式导入，用孩子们能够理解的语言进行表达，让晦涩的知识点深入浅出，生动凸显系列重大科技成果背后的中国科学家故事与科学家精神。同时，这套丛书图文并茂，美术作品与文本相辅相成，充分发挥美术作品对科普知识的诠释作用，突出体现美术设计的科学性、童趣性、艺术性。

　　面对百年未有之大变局，我们要交出一份无愧于新时代的答卷。科学家可以通过科普图书与少年儿童进行交流，实现大手拉小手，培养少年儿童学科学、爱科学的兴趣，弘扬自立自强、不断探索的科学精神，传承攻坚克难的责任担当。少儿科普图书的创作应该潜心打造少年儿童爱看易懂的科普内容，着力少年儿童的科学启蒙，推动其科学素养全面提升，成就国家未来创新科技发展的高峰。

　　衷心期待这套丛书能够获得广大少年儿童朋友的喜爱。

中国科学院院士
中国科普作家协会理事长

写在前面的话

为什么小手轻轻一搓，竹蜻蜓就能高高飞起？其中蕴含的道理，与飞机的是不是一样？

同学们，好奇这个问题的答案吗？我与你们年龄相仿时，对任何能飞得高高的事物，充满了好奇。于是，总是一个人在书本里、在实践中，寻找类似的现象，琢磨其中的关窍。

也许在这本书里，你真的能找到其中一两个答案。

这是一本带你一起"解锁"中国航空科技成就，讲解科学原理，传播科学家精神的科普书。

飞行，是人类永恒的梦想。在古代中国，无数能工巧匠，制作了许多能在天空翱翔的东西。可惜受限于材料，它们飞离地面的高度有限，古代人没有找到让这些飞行物真正发挥作用的方式。

现在就不一样了。想来一场说走就走的旅行吗？那你肯定离不开汽车、火车、飞机等交通工具。这三种交通工具中，速度最快的就是飞机。每一架冲上云霄的飞机，都凝聚了千千万万的航空科技工作者的心血。

飞机有很多小秘密。通读书里的一篇篇小文，你会发现飞机从图纸里"跳"了出来，装上航空动力，逐步飞离地面，越飞越高，越飞越远。咱们的大国重器，歼10、歼15、歼20、直20、C919、"太行""泰山"航空发动机等，都会悉数亮相，为你答疑解惑。

除了科学原理，我衷心希望，你能听一听书中科学家和工程师的故事。他们中很多位，是我十分尊敬的前辈，是新中国航空事业的开拓者和奠基人。当然，这其中还有我的同行者，以及优秀的后辈。小小地期待一下，充满好奇心、拥有航空梦想的你，未来也会成为共筑中国航空事业的一员。

本书结尾，畅想了未来飞机的模样。虽然读起来有点科幻，但确实是正在发生或即将成为现实的未来飞行世界。那么在更远的未来，航空科技会引领世界走向何方？这个问题等待你，我最亲爱的读者来回答。

房建成

中国科学院院士
北京航空航天大学教授

逗逗变变变！

快跟着飞逗，一起去航空世界看看吧！

同学们，你们有没有想过，航空和航天是一回事吗？

近年来，我国在航空航天领域捷报频传：

好厉害呀！

报告！大型客机 C919 首飞，取得型号合格证；歼 20 批量列装，飞遍东西南北中；运20 执行远洋救灾，洲际快递任务……

这，是航空领域的成就。

咱们国家的航天领域也很厉害！

报告！我国完成了"天宫"空间站的建设，圆满实现了载人航天任务的初期目标，国家太空实验室已正式运行……

这，是航天领域的成就。

你有没有想过，同样是在天上飞，为什么 C919 叫航空器，而"天宫"叫航天器呢？

航空与航天有什么区别？是否有一条明显的分割线，可以将航空与航天精确地区分开？

在 20 世纪我国航空航天事业刚起步时，我国航空航天事业的奠基人钱学森先生曾给出这样的定义：大气层内飞行是航空，大气层外飞行是航天。

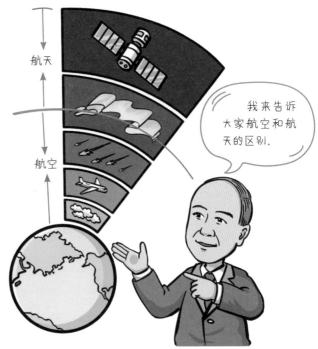

小贴士

大气层到底有多高？随着各种科学探索和研究的深入，科学界出现了这样一种划分大气层的方式：高度 0 至 18 千米为对流层，18 到 48 千米为平流层，48 到 90 千米为中间层，90 到 350 千米为热层，350 到 1000 千米为散逸层。按这个标准，大气层的高度在 0 到 1000 千米。

为什么会这样定义呢？原来，钱学森先生认为，在空气内航行，自然就是航空气，简称航空。

想要突破我？
那你还要再努力！

而空气之外，是宇宙空间，在宇宙空间中航行，也就成了航空间。后来，钱学森先生将航空间简化为了航天。

航空与航天以大气层内外为标准，分成了不同的概念。

然而，以目前的科技进展，像"天宫"这类载人的航天器，其轨道高度一般在300到500千米，用以上的大气层定义方式，"天宫"还没有飞出大气层。

我竟然还没有飞出大气层？

关于航空和航天还有什么其他的划分办法吗？

钱学森先生的老师、人类航天事业先驱者、匈牙利裔美籍科学家冯·卡门提出了一种标准：用飞行器在飞行过程中是否必须有空气参与来区分航空器与航天器。

卡门线

无论是飞机还是热气球，在飞行时一般由空气提供升力，所以它们属于航空器；而飞船、空间站和人造卫星，在飞行时则不需要空气提供升力，所以它们属于航天器。

通过计算，人们发现，在海拔 90千米左右，空气的密度就不能产生足够的力来支持飞行了。为了计数方便，也为了纪念标准的提出者，人们把 100 千米的高度划为卡门线。卡门线下归航空，卡门线上归航天。

讲了这么多，你可能有个疑问：

为什么要区分航空和航天的概念? 一条虚无的线，有这么重要吗?

航空与航天概念的区分，其实与国家主权是息息相关的。

目前，世界上有两部指导各国开展航空航天活动的规范，一部是《国际航空法》，一部是《外空条约》。

《国际航空法》规定了领空的概念。与领土、领海一样，每个国家对自己的领空是有主权的，这是国家利益的一部分。不过，该法并未对领空高度做严格规定。

《外空条约》则强调自由探索和利用原则，即地球外部空间不归任何国家所有，各个国家必须以和平为目的，共同开发外空。

现在你明白了吧？领空的主权应当与我国的领土和领海一样，被我们保护，神圣不可侵犯。

但想要玩转航空世界，可没有那么容易。许多国家的无数科学家，为此奋斗终身，奉献了一切，我国也不例外。

在抗日战争期间，由于工业水平落后，技术装备差，我国很难抵御日寇的空袭。肆虐的日机，给抗战军民的生命财产造成重大损失。这样的苦难和屈辱，在一位云南少年的心中，种下了理想的种子。他立志要让中国人也开上自己的好飞机，他的名字叫宋文骢。

新中国成立后，宋文骢当过侦察兵，在朝鲜战争期间担任过空军机械师。后来，在飞机设计专业学习多年后，他终于走上了飞机设计师的岗位。

20世纪80年代，我国决定研制一款面向21世纪、能跟上国际一流水平的战斗机。宋文骢带领团队，提出的"鸭式布局"方案，成为最终选择。这是中国航空工业从未进行过的新项目，面临着技术难度大、项目经费紧张、物质条件困难等诸多挑战。

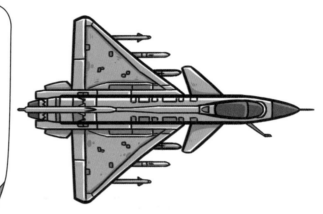

小贴士

鸭式布局是指去掉了飞机机翼后的水平尾翼，在机翼前设置一对鸭翼。它的优点是可以让飞机在同一迎角的升力与阻力的比值较大，非常适合迅猛升降的战斗机，但是它也给飞行控制系统提出了很大的挑战。

面对这些困难，宋文骢以身作则，投入了艰苦的科研工作中。

寒冬腊月，他骑着一辆破旧的自行车上下班；酷暑时节，他穿着破了洞的白T恤奋战在一线。他与团队的不懈努力，最终凝聚成了许多优秀的技术成果。他们共同为中国航空工业，开辟了一条全新的道路。

1998年3月24日，一架黄色的战斗机腾空而起，中国人的"争气机"歼10成功首飞，中国成为世界上第五个自主研发第三代战斗机的国家。

在试飞现场，歼10的总设计师宋文骢流下了激动的泪水，从这天起，他把自己的生日改成了歼10的首飞日。"歼10之父"的多年努力，终于结出了硕果。

今天，中国航空人接过了宋老的接力棒，向着更高的天空奋飞。

2022年8月26日，我国成功进行了升力式亚轨道运载器重复使用飞行试验。这种飞行器通过火箭发射，在卡门线附近的高度飞行，可以像普通的飞机一样滑翔、水平着陆，是一种融合了航空与航天技术的创新飞行器。

小贴士

一般航天器不像航空器那样可以反复使用。我国升力式亚轨道运载器飞行试验的圆满成功，有力推动了我国航天运输技术由一次性使用向重复使用的跨越发展。

这次重复飞行，意味着在未来，这种飞行器也可以像现在的飞机一样，成为往返天地之间的常态化航班。

同学们，航空和航天的界线其实会随着科技进步不断变化，我们的征途是星辰大海。也许冲出地球，飞向外太空的梦想，将会由你们来实现！

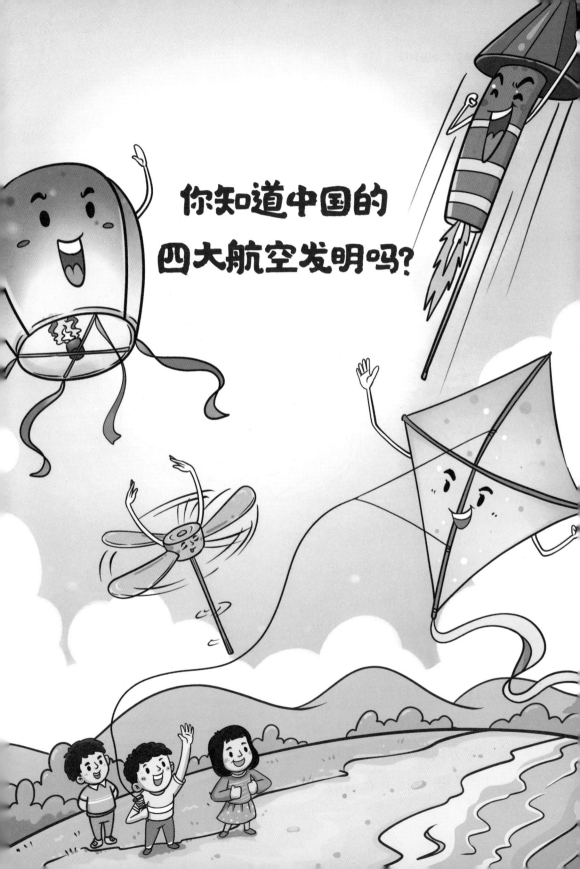

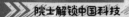

自古以来，我们的祖先对"飞"就有着浪漫的想象，比如，神话中奔月的嫦娥、逐日的羲和……

如果你认为，中国人对飞的向往只是停留在想象中，那可就错啦！在遥远的过去，我们爱动脑又善动手的祖先们开创了一件件航空界的大事。

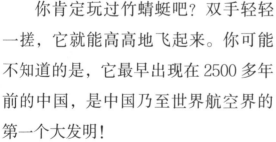

你肯定玩过竹蜻蜓吧？双手轻轻一搓，它就能高高地飞起来。你可能不知道的是，它最早出现在 2500 多年前的中国，是中国乃至世界航空界的第一个大发明！

仔细观察竹蜻蜓，会发现它的叶片呈一定角度排列。当竹蜻蜓的叶片按一定方向旋转时，叶片上表面的气流"跑"得要比下表面的气流快，使

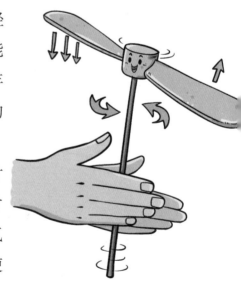

得下表面气流对叶片的压力大于上表面气流，于是，升力就产生了。当升力在垂直方向的分力大于竹蜻蜓自身重力时，竹蜻蜓便可向上飞起。现在我们将像这样通过叶片旋转产生升力的航空器叫作旋翼航空器。

早在战国时期，墨子用木头制成了能飞上天的木鸟，这被看作是风筝的起源。后来，鲁班用竹子替换木头，改良了制作工艺，使木鸟有了固定的"翅膀"，制成了可以长时间飞行的"木鹊"，"木鹊"从结构、形态和飞行方式上都非常接近今天的风筝。

小贴士

在我国晋代葛洪所著的《抱朴子》中，记录了一种"飞车"，是一种类似竹蜻蜓的动力机械，"若能乘者，可以周流天下，不拘山河"。古人对能无惧地形险峻，自由飞越崇山峻岭和湍急河流充满向往。

现代直升机的飞行原理与竹蜻蜓相同。我国的直20先进直升机，除强大的军事用途外，在抢险救灾、高原地区运输等领域也发挥着极为重要的作用，是真正的"不拘山河"。

我用竹子替换了木头，现在的木鹊可以在天上待 3 天。

材料改良了？

别看风筝结构简单，它可是一种比空气重的航空器，还被视作固定翼飞行器——也就是由固定机翼产生升力的飞行器的鼻祖。

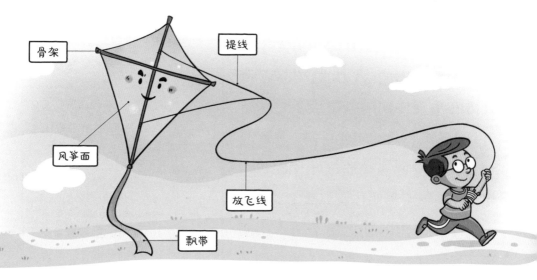

风筝是怎么飞上天的呢？原来，当它的平面与气流形成一定夹角时，流过风筝上下表面的气流使风筝上下形成压力差。当气流速度够快时，下表面受到的向上的压力明显超过上表面，就能将风筝高高地"举"起来了。

小贴士

当歼20在空中轰鸣而过，当歼15从航母的滑跃甲板上威武起飞，当运20编队为受灾群众送来军队和物资……固定翼飞行器稳稳托举着的，是中国人的安全感。

除了竹蜻蜓和风筝，还有什么能飞上天呢？

据传三国时期的诸葛亮发明了孔明灯。

传说，当年诸葛亮被困险境。他算准了风向和风速，把求救信息放在能飞的灯笼里传递出去才得救。这种"能飞的灯笼"就是孔明灯。

当孔明灯被点燃，灯罩内部的空气受热膨胀，体积变大，受到的空气浮力也变大。当浮力超过灯自身的重力时，灯就飞起来了。现在，我们把这种依靠浮力起飞的航空器，叫作浮空器，是一种比空气轻的航空器。

司马懿想抓住我可没那么容易。

四大航空发明有我一席之地！

我们见过的热气球和飞艇，都属于浮空器。热气球和孔明灯的飞行原理非常相似。孔明灯被认为是中国古代四大航空发明中最早得到广泛应用的。

火药是中国的四大发明之一，相信你不会陌生。但你知道我们的祖先也曾发明过火箭吗？

大约 1000 年前，中国就出现了最早的实用火箭。据记载，公元 970 年，一个叫冯继升的人向宋朝朝廷献上了火箭的制作方法。到了明代，有军事应用价值的火箭问世了。

我们现在看到的火箭，原理与中国古代火箭的作用原理高度一致——火药燃烧产生向后高速喷射的燃气，燃气产生反推作用力推着火箭向前运动。随着科技的进步，现代火箭使用了多种固体燃料或液体燃料，在结构、强度、系统可靠性等方面也有了巨大提升。

祝你突飞猛进，一飞冲天！

前辈你好！

小贴士

北宋时期的军事著作《武经总要》，记录了火箭的形状、构造，还附上了图纸，这也是世界上最早的火箭图纸。

你看，轻于空气的航空器起源于中国，而重于空气的航空器中，像直升机这样的"旋翼航空器"和像飞机这样的"固定翼航空器"同样起源于中国。在世界航空史的书卷中，中国书写了从无到有的云端传奇。

> **小贴士**
>
> 不论是"嫦娥"奔月、"羲和"逐日，还是"北斗"授时导航、"祝融"探火……我们的"长征"系列运载火箭家族，将中国人自古以来的梦想逐一实现。

虽然竹蜻蜓和风筝只是玩具，但童年的玩具往往能影响人的一生。

20 世纪 30 年代，一个男孩儿在院子里玩着模型飞机和竹蜻蜓。他想："我以后要造飞机！"

这个男孩儿就是日后成为我国"歼 8 之父"、航空航天领域唯一拥有中国科学院和中国工程院院士身份的科学家——顾诵芬。

在研制歼 8 的过程中，有一天，试飞员报告称飞机转弯时出现了问题。担任总设计师的顾诵芬提出在尾翼贴上红色的毛线，这样就可以通过观察毛线的状态，了解高空中气流滑过机身时的状态。

真是个好办法，可在地面上看不清楚毛线啊！于是，他又提出要坐在其他飞机上，近距离观察歼 8 试验机飞行。

　　这个想法一提出就遭到了大家的强烈反对。要知道，想看清这样微小的变化，就意味着两架飞机要在空中保持非常近的飞行距离。两架飞机平行飞行时离得太近，气流会相互影响，十分危险。更何况，顾诵芬要看清的是歼8转弯时的气流表现，气流相互影响更大。太危险啦！

　　但是，这些都没有吓倒顾诵芬，他毅然飞上蓝天一探究竟。因为他深知歼8对我国的重大意义，每一个难关都必须尽快攻克！

　　最终，在总设计师三上云霄后，由我国自行设计制造的第一款双发高空高速歼击机——歼8终于研制成功。

　　咏世德之骏烈，诵先人之清芬。在顾诵芬院士的心中，航空重器是一群人，甚至几代人的心血所铸。正是有了他们的心血，共和国的蓝天上，航空事业的篇章中，正在写下前所未有的辉煌！

　　蓝天铸重器，长空写赤诚，你愿意继续实现祖先们的"飞天梦"吗？

在晴朗的天空下，一根细细的风筝线牵引着风筝展翅翱翔。一阵风吹来，借着空气给的力量，风筝飞得更高更稳了。

还有什么能像风筝这样飞上天呢？在风筝的启发下，人们研制出了飞机。

飞机已经发明一百多年啦。虽然如今已发展出了很多型号，但在古老而庞大的航空器家族里，它还是个"新生事物"。

啊，这就是我们的大家族！

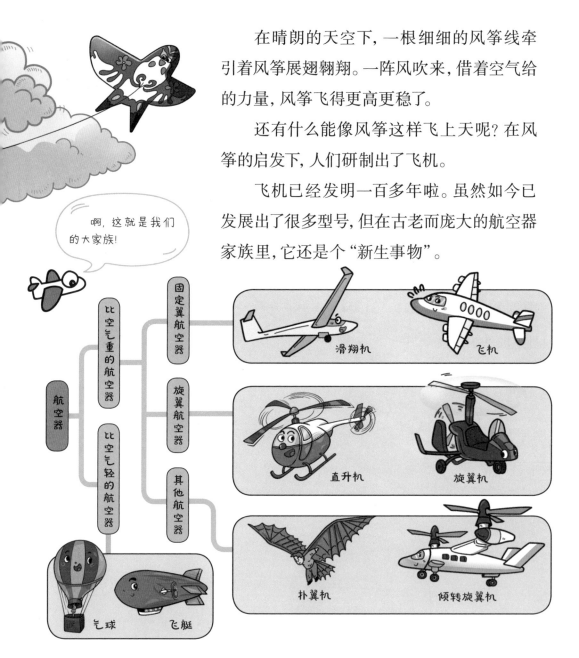

航空器

比空气重的航空器

比空气轻的航空器

固定翼航空器

旋翼航空器

其他航空器

滑翔机

飞机

直升机

旋翼机

扑翼机

倾转旋翼机

气球

飞艇

你可能会问，风筝那么小、那么轻，风当然可以帮助它飞起来。但是，飞机这么大、这么重，为什么也能飞起来呢？

要回答这个问题，我们先来看看飞机的"哥哥"滑翔机是怎么诞生的吧！

滑翔机产生速度

科学家背着用竹子和布做成的"翅膀"，从坡顶往下跑，他们感到迎面吹来的风速度加快了。当风速足够快时，"翅膀"竟带着他们飞上了天！这便是滑翔机的首次亮相。

进入平飞阶段

风筝之所以能飞上天，风的速度和风筝面在空中仰起的角度，发挥着重要的作用。而科学家背着自制的"翅膀"，通过助跑，加快了风的速度，也能飞上天。这进一步证明了，高速的风与"翅膀"相互作用，就能产生大于自身重量的升力！

能量消耗，落地滑行

但是，光靠人力给"翅膀"加速，效率可不高呀！

于是，不久之后，飞机就诞生了。它的外形与滑翔机类似，区别在于它靠着机身上的一个或几个发动机加速，从平整的地面滑跑就能获得足够快的速度。

爬升起飞

离地

发动机加速，地面滑跑

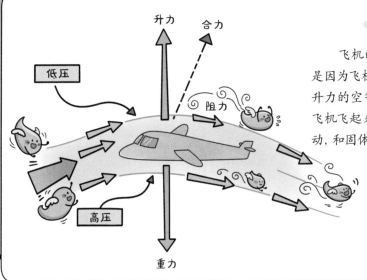

小贴士

飞机的飞行原理之所以复杂，是因为飞机属于固体，而给它提供升力的空气属于流体（气体）。当飞机飞起来时，空气会围绕着它流动，和固体与固体间的作用方式不一样。为了研究飞机（固体）与空气（流体）之间发生了什么，人们发展出了一个新学科——空气动力学。

随着科学技术的不断发展，人们对飞机有了更多的期待。比如，飞机能不能在空中飞得更久、更远一些？飞机能不能做得更大，让飞行员之外的人领略漫步云端的风景？科学家发现，要实现这些梦想，必须精准地研究高速风与"翅膀"相互作用的关系。其中的佼佼者就有我国的陆士嘉先生。

20世纪30年代，中国内外交困，被列强虎视眈眈，有为青年都在探索救国的道路。看到积弱贫穷的祖国，陆士嘉立下了"学科学，用科学造福国家，当中国的居里夫人"的远大理想。她漂洋过海前往德国，开始了她远大理想的追求历程。

陆士嘉得知世界著名的空气动力学家、该学科创始人普朗特教授在哥廷根学院执教，便萌生了投奔普朗特、为祖国造飞机的愿望。

然而，这可不容易！普朗特收徒之严苛圈内有名，更何况此时他已经退休，不再收学生了。

在两次被普朗特拒绝见面后，第三次陆士嘉终于见到了他。可是，不太耐烦的普朗特第一眼看见这位清秀的东方女孩时，差点笑出声来，并明确告诉她："我已经两年不收学生了，并且从未收过东方人，更没收过女生。"

"为什么？"陆士嘉紧张地问道。

"东方人的逻辑思维很差，女生就更别说了，她们的数学不好，而这是学空气动力学的基本素质。"

知道这个原因后，陆士嘉松了一口气，她镇定而倔强地说："您可以考考我，您不考怎么知道我不行？"

普朗特有点惊讶地看了她一眼，点了点头。他给了陆士嘉两本专业书，让她回家看，两个月后再来考试。

两个月后，陆士嘉如约而至。普朗特却已忘了这次约定，在她的提醒下才记起似乎有这么一回事，于是拿起笔，唰唰地写下几道题递给了她。

陆士嘉既紧张又激动——她终于得到了考试机会。

考试结果让普朗特既意外又满意，当场收下了这个学生。就这样，陆士嘉成了普朗特的关门弟子，也是他所有弟子中唯一的东方人、唯一的女生。

学成后，陆士嘉夫妇辗转回国。1952年，她随清华大学航空系调往新组建的北京航空学院（现北京航空航天大学）。当时，陆士嘉是北京航空学院空气动力学教研室的召集人，也是唯一的女教授。

想要研究风与飞机的相互作用，就得有实验室、风洞；想要创立新中国第一个空气动力学专业，就得有教学大纲和教材等。可是，在当时，什么都没有啊！

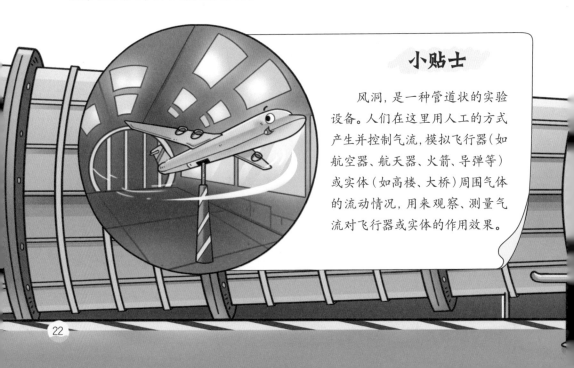

小贴士

风洞，是一种管道状的实验设备。人们在这里用人工的方式产生并控制气流，模拟飞行器（如航空器、航天器、火箭、导弹等）或实体（如高楼、大桥）周围气体的流动情况，用来观察、测量气流对飞行器或实体的作用效果。

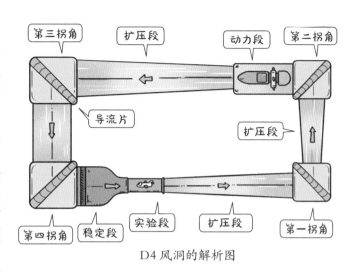

第三拐角　扩压段　动力段　第二拐角

导流片

扩压段

第四拐角　稳定段　实验段　扩压段　第一拐角

D4风洞的解析图

困难没有吓退陆士嘉。没有教材，她就自己翻译、编写；没有教学大纲，就参考国外的起草；没有实验室和风洞，就动员全校相关专业的老师们一起建！不到一年，陆士嘉便带出了一支过硬的专家队伍，成为我国空气动力学的奠基人。

1955年，在她的带领下，北航D4风洞建成。新中国第一架轻型旅客机"北京一号"，在这个风洞中完成了全部试验。

"科学研究往往需要几代人的努力，科学工作者的职责就是探索……我愿意成为探索的一个小卒，一个铺路石子，为后面的人做点探路工作。"陆士嘉说。

今天，中国空气动力研究与发展中心已成为我国规模最大、综合实力最强的风洞试验基地，也是亚洲最大的风洞群。先进战机

歼10、隐身战机歼20、大型运输机运20、国产客机
C919等，都在这里进行过风洞试验。

2023年5月30日，中国科学院力学研究所向外
界公布，我国JF-22超高速风洞研制成功，居世界
领先水平。JF-22超高速风洞加上已有的JF-12复现
风洞，可以模拟距地面25~100千米的飞行条件。未
来能在天地间往返的空天飞行器，以及各类高超声
速飞行器，将会在这里诞生。

在航空领域，有"一代风洞，一代飞机"的说
法。以陆士嘉为首的这支专家队伍，已成为我国航
空航天事业的星星之火。你长大后也愿意成为这样
"点燃"新一代风洞的"火苗"吗？那就加油吧！

直升机真厉害啊!

提起直升机,你首先会想到什么?是驰骋在风暴中进行灾害救援的"勇者",还是穿梭在硝烟中,在敌人头上撒下钢雨的"战士"?

是啊,直升机有着飞速旋转的"铁翼"和垂直起降的拿手绝活儿,在许多固定翼飞机难以施展的地方,它们往往可以来去自如。

在空中隆隆作响、穿梭往来的直升机为什么能飞起来?

我们先来看看你手中的一种小小的玩具——竹蜻蜓吧!

直升机虽然比竹蜻蜓复杂几百倍,但它们的运行原理却是相似的。直升机的旋翼就像竹蜻蜓的叶片,旋翼轴就像竹蜻蜓的细竹棍,带动旋翼转动的发动机就是我们玩竹蜻蜓时用力搓动细竹棍的双手了。

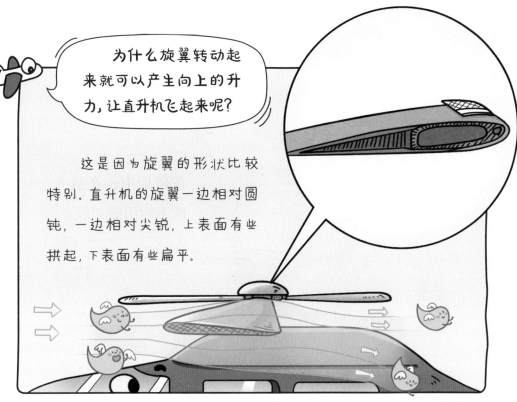

为什么旋翼转动起来就可以产生向上的升力，让直升机飞起来呢？

这是因为旋翼的形状比较特别。直升机的旋翼一边相对圆钝，一边相对尖锐，上表面有些拱起，下表面有些扁平。

可能你会说：这样的形状好眼熟，跟固定翼飞机的机翼截面有点像！

没错！旋翼的叶片截面确实与固定翼飞机机翼的截面非常相似，它们产生升力的原理也差不多。

直升机上安装了好几片又长又窄的旋翼，它们的根部固定在旋翼轴上，只要旋翼轴一转动，旋翼也会跟着一起转动，空气也跟着流动起来。流过旋翼圆拱上表面的气流，其流速较快，压强较小；流过旋翼较扁平的下表面的气流，其流速较慢，压强较大。于是旋翼的上下表面之间形成了一个压强差，压强差作用在翼面上，升力就产生啦！直升机只要快速转动旋翼就能产生足够的升力，这就是它可以直上直下飞行的秘密！

今天，我们可以坐上直升机畅游天空，离不开科研人员的辛勤工作，更离不开我国直升机奠基人——王适存。

中国一定要造出属于自己的直升机!

王适存的父亲曾对他说过："一个人，一出戏，就是一辈子的故事。"这句话，影响了王适存的一生。在他心里，造直升机这件事"不是干一阵子，而是做一辈子"。

1961 年，王适存带着"为中国研制出直升机，为中国培养更多直升机专业人才"的责任回国。

在王适存的推动下，我国第一种自行设计、自行制造的直升机"延安二号"立项。

在研制直升机的过程中，王适存和他的团队遇到了数不清的问题，首当其冲的就是共振现象。

小贴士

直升机在地面进行试车和起降时，旋翼的摆振和机体的振动可能会合为一体，变成危险性更高的振动，我们将这种情况称为地面共振。一旦地面共振发生，几秒钟内振动的幅度就可以激增到非常剧烈的程度，轻则损坏旋翼，重则导致机体倾覆，是直升机设计的"拦路虎"。

我国科研人员还是第一次直面这种技术难题。要解决这个问题，就绕不开大量的数据和庞大的计算量。这可让研发团队犯了难。

　　那时候，电子计算机离人们还很远，数据只能靠人一点点算出来。但这没有难倒王适存。没有电子设备，但咱们有老祖宗的发明呀！王适存团队想到了算盘。

　　经过几百把算盘夜以继日的反复计算、核对，他们终于成功地推导出了解决共振问题的方法。

　　1975 年，"延安二号"首飞成功。当国内外学界称王适存为"中国直升机之父"时，他谦虚地说："说不上，我只是最早搞螺旋桨，后来又最早搞直升机的人。我和同事们只不过做了一点力所能及的小事。"

2008 年，四川汶川发生了特大地震，公路、铁路都受到了不同程度的破坏。这本该是直升机大显身手的机会，但那时，我国还没有能飞往高原的国产直升机。

见此情景，中国直升机设计研究所总设计师邓景辉和他的团队痛下决心，一定要研制出中国人自己的先进通用直升机！

研制一款先进的直升机绝非易事，旋翼防冰、除冰就是一道世界性难题。

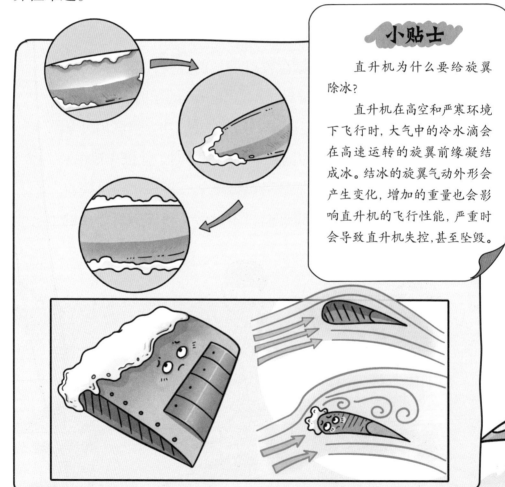

小贴士

直升机为什么要给旋翼除冰？

直升机在高空和严寒环境下飞行时，大气中的冷水滴会在高速运转的旋翼前缘凝结成冰。结冰的旋翼气动外形会产生变化，增加的重量也会影响直升机的飞行性能，严重时会导致直升机失控，甚至坠毁。

最初，设计团队希望向外国团队寻求帮助，但合作请求被对方拒绝。邓景辉说："事实证明，核心技术是买不来、要不来、讨不来的！"

求人不如求己，中国的直升机要靠中国人自己造！邓景辉团队憋着一口气，一次次带着还在研制阶段的直20前往高原和高寒地区进行试飞，挑战飞机的极限。

不知经过了多少次的失败，他们慢慢摸索出了旋翼防冰、除冰的诀窍。2018年，当装备了除冰系统的直20穿越结冰层，最终平稳降落后，邓景辉和他的团队欢呼了起来。

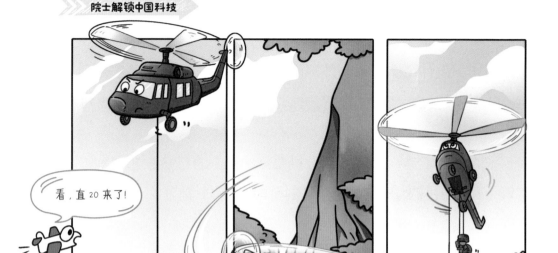

看，直20来了！

直20研制成功，它的本领可真强大啊！它可以在风暴肆虐的海面上稳稳悬停，救起落水的人员；也可以在陡峭的山峦间穿梭往来，运送货物和人员；更可以搭载着空中突击部队在树梢的高度隐秘地飞行，执行突击任务。直20的研制成功，结束了我国缺少10吨级通用直升机的历史。

未来，直20将成为我国通用直升机的主力，它不仅会成为我国陆军的"翅膀"、海军超越地平线的"尖兵"，也将成为抢险救灾第一线的"先锋"，为人们带来希望和曙光。

同学们，你想不想也成为我国直升机事业中的"排头兵"呢？

你玩过电子空战游戏吗？

在虚拟世界里，我们可以驾驶着飞机翱翔于蓝天，与其他玩家进行空中战斗，利用秘密武器击落对方的飞机，获得胜利。

如果游戏中的情节发生在现实生活中，我们有什么"秘密武器"可以将敌方飞机击落呢？

知己知彼，百战不殆。观察敌人和搜集情报是了解敌情的关键。古往今来，人们采用了各种手段来刺探情报，到了冷战时期，更是出现了高空侦察机。

20 世纪 50 年代，被称为"幽灵"，代号为"蛟龙夫人"的 U-2 是世界上最先进的侦察机。它能一路攀爬到 20000 米以上的高空，使用侦察相机拍摄清晰度极高的照片。它的机身内装有几千米长的胶卷，拍摄下来的照片能够堆满一整个房间，一次飞行就可以获得大量的情报！

有一天，U-2 侦察机开始对我国进行侦察活动。当时，我国的歼 6 战斗机最大升限只有 17900 米，防空炮对高空飞行的目标也无能为力，面对这种先进的侦察机，即使发现了它的行踪也难以将其击落。

难道只能眼睁睁地看着 U-2 获取情报后扬长而去吗？

当然不能，因为我们有"秘密武器"！

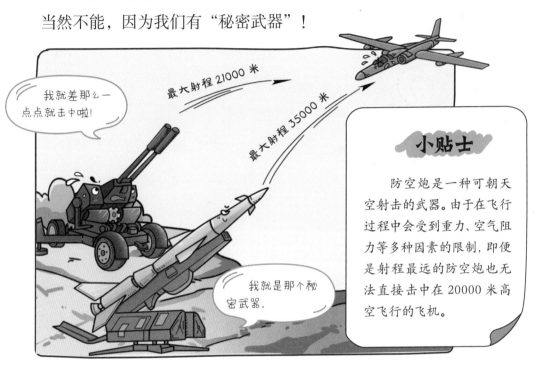

我国的红旗 2 防空导弹就是应对 U-2 侦察机的"杀手锏"。这种导弹可用于打击高空目标，它的最大射程有 35000 米，最大射高达到了 27000 米。

有了红旗 2 防空导弹，U-2 侦察机在劫难逃。

果不其然，当 U-2 侦察机又一次飞入我国领空，不慌不忙地准备刺探情报时，突然发现有火控雷达在瞄准自己！它连忙一边施放干扰信号，一边逃离这片空域。可负责引导导弹的火控雷达已经把 U-2 侦察机牢牢锁定，三枚红旗 2 防空导弹喷吐着火舌从地面刺向天空。不一会儿，U-2 侦察机的雷达图像就消失在了屏幕上，这架屡次侵犯我国领空的"幽灵"终于被击落了。

快跑啊！

我国击落 U-2 高空侦察机的消息震惊了世界，研发红旗 2 防空导弹的科研人员和使用导弹击落敌机的士兵们更是欢欣鼓舞。

听起来是不是很简单？但我国的科学家为了这场防空战斗，历尽了艰辛。

我国防空导弹的研制事业，还得从一个名叫"543"的计划说起，担任这一计划总设计师的是著名科学家钱文极。

"543"计划中的防空系统一开始引进于其他国家，在当时仍属于先进的技术。而那时我国的工业基础薄弱，想要吸收并且自己掌握这样先进的技术非常困难。

怎么办呢？还是要从最基础的工作开始！

钱文极带领着科研人员一点点自学外语，一点点翻译外文资料，一点点学习国外的先进武器、导弹原理和设计方式，再到工厂参与导弹制造，了解制造流程和规范。

在那个年代，由于物资匮乏，钱文极团队的很多人都患上了浮肿病，有的还患上夜盲症。但困难并没有让大家退缩，反而让大家憋着一股劲儿，下决心一定要自行设计导弹。

经过多年夜以继日的"攻坚战"，1967 年，"543"导弹自主研制成功，被命名为"红旗 2"防空导弹。

骐骥千里，非一日之功。钱文极扎实的科研功底要从中学说起。

初中时，钱文极十分痴迷无线电，经常去书店购买书籍，潜心钻研无线电技术。从事科研的梦想，犹如一颗种子，开始在钱文极的心中生根发芽。

有一次，钱文极在美国一本杂志上看到一篇讲述超短波发话机的文章，就按照其工作原理仿制了两台，并在第一次野外试验中就获得了成功。

几十年后，他从一位业余无线电爱好者成长为我国第一代地空导弹总设计师，见证了我国导弹从仿制到独立研制，从无到有的光辉历程。

钱文极曾感慨说道："从1959年到1965年，在六七年时间内，我国从无到有，掌握了当时世界上最先进的地空导弹设计技术，形成了几千人的设计队伍，这是一项很了不起的工程。"

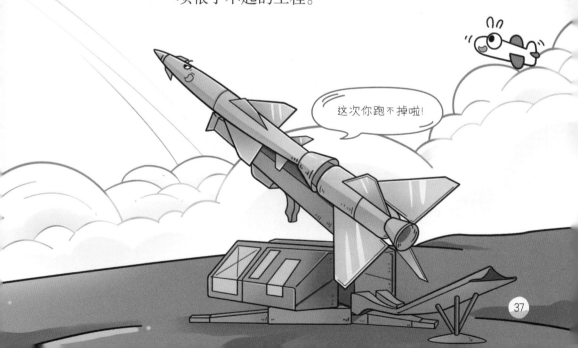

这次你跑不掉啦！

有了红旗2防空导弹这款防空武器后，U-2侦察机屡屡碰壁，再也不敢入侵我国领空了。

红旗2防空导弹虽然有着骄人的战绩，但它的性能放在今天已经过时。

有没有比红旗2防空导弹更厉害的呢？

当然有！"红旗防空导弹家族"迎来了新成员——红旗9B防空导弹。

红旗9B防空导弹不仅射程更远、速度更快，还使用了更安全、有效功率更大的发动机。而且，红旗9B防空导弹的头部自带雷达，不用依赖地面雷达指引导弹，导弹的精度有了极大的提高。

与红旗9B防空导弹搭配的是一种先进的相控阵雷达。这种雷达探测距离远，抗干扰能力强，还可以同时应对多个目标。红旗9B防空导弹是我国自行研制的全天候、多通道、中远程新一代地空导弹，战斗力大大提升！

我是"红旗防空导弹"家族的新成员——红旗9B防空导弹。

红旗 9B 防空导弹虽好，但它是一款中远程防空导弹，用来对付武装直升机、无人机和巡航导弹等目标就有些"杀鸡用牛刀"了。为了有效应对这些目标，科研人员研发了红旗 22 防空导弹。

我体积更小，飞行速度更快哟！

这种导弹体积更小，飞行速度更快，成本也更为低廉。它可以在雷达的引导下对中、近距离的目标进行攻击，与红旗 9B 防空导弹搭配使用，覆盖近、中、远三个距离，为我们撑起一把密不透风的"空中保护伞"。

小贴士

传统雷达朝哪里发射电磁波，就捕捉哪里的物体，如果需要全方位捕捉就要不停地旋转。而相控阵雷达由很多个小雷达组成一个大雷达面板，就好像昆虫的"复眼"。每个小雷达还可以单独控制，不需要左右"扭头"，也能"眼观六路"。不仅比普通雷达更小巧轻便，还能更快、更精准地扫描。

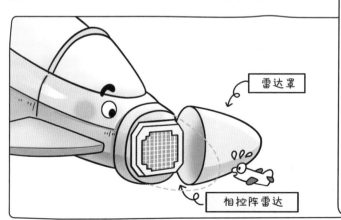

雷达罩

相控阵雷达

　　我们的地空导弹部队历经 60 余年建设，取得了辉煌的战果，手中的武器也从别国淘汰的二手高射炮升级成了先进的防空导弹。正因为有了以钱文极为代表的科学家、科研人员的付出和防空部队官兵的英勇战斗，祖国的万里长空才没有受到外敌的侵犯，我们头顶上的蓝天才得以安宁祥和。

　　同学们，让我们努力学习，成为像钱文极那样的科学家，制造保卫祖国蓝天的先进"秘密武器"吧！

紧急情况!
飞机没油啦!

你的脑海中浮现过这样的场景吗?

当你驾驶着飞机前往一座美丽的岛屿,油表的指针突然极速下降,燃油即将耗尽,不得不紧急迫降在一片空旷的草地上……

好在这样的事儿并不是真实发生的!可如果发生在现实生活中,该怎么办?

弃机跳伞吗?

可以。但这是最后的解决方案,不到万不得已,飞行员是不会选择跳伞的,因为这就好似往地面扔下了一枚重磅炸弹。

驾机迫降吗?

也可以。但这也是一种万不得已的紧急处置方法。因为迫降对着陆场地的要求很高。如果场地不够平整,迫降很可能演变成机毁人亡的空难事故。

那有什么好办法呢?

可以用另一架飞机,带着燃油飞到空中为那架飞机加油呀!

糟糕,没油啦!

别急,我来啦!

由于加油的过程是在空中完成的,所以人们把这种加油方式称为空中加油。携带燃油为其他飞机加油的飞机,叫作空中加油机,被加油的飞机叫作受油机。

空中加油听起来好像挺简单的,但实际操作却极其困难。最初的空中加油如同在空中的杂技表演,非常惊险。

1921年，美国特级飞行员韦斯利背着30磅燃油在林肯双翼飞机和柯蒂斯JN-4双翼飞机之间完成了空中加油。

这堪比空中杂技呀！

1923年，美国陆军航空兵采用软管注入战斗机的方式，成功实现了两架飞机的空中加油，这标志着航空史上第一次真正的空中加油的诞生。

是所有的飞机都需要空中加油吗？

当然不是。我们日常生活中乘坐的客机就不需要，因为在起飞前，客机的油量都是根据航程计算好的，不会出现飞着飞着没油的情况。

所以，空中加油任务，基本都用在军事行动中。

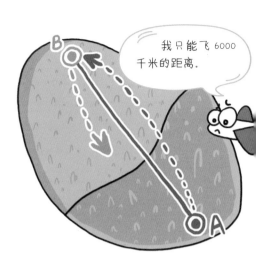

我只能飞6000千米的距离。

我们假设一个场景。

A国决定轰炸B国军用机场。军用机场与A国轰炸机基地相距5000千米，往返距离10000千米，而A国的轰炸机航程仅为6000千米。

航程不够，怎么办？

A国空军可以在距离B国机场2000千米的空域使用空中加油机为轰炸机进行第一次加油，等轰炸机执行任务后，在回程途中进行第二次空中加油，然后顺利返回基地。

细心的你一定发现了加油机对现代空中作战至关重要。可如何制造空中加油机呢？

目前，空中加油机多由性能较好的运输机或轰炸机等改装而来，内部有容量较大的油箱，能通过管道将燃油输送给受油机。

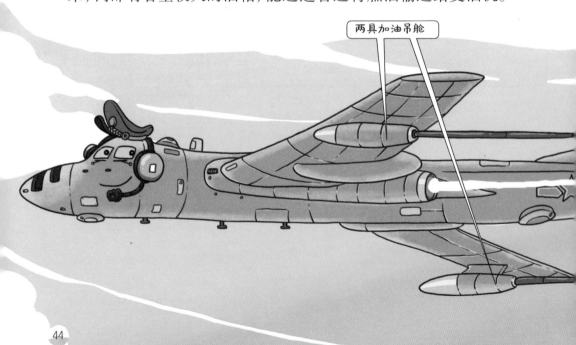

两具加油吊舱

中国首次接触空中加油技术是在20世纪六七十年代的越南战争时期。那时候，我国无论是经济实力还是工业基础都无力承担空中加油机的研发工作，只好暂时放弃。

直到1988年，中国正式启动了空中加油机项目。

1999年10月1日，全新的轰油6加油机与歼8D受油机组成编队飞过天安门广场，正式亮相。

由于轰6是一款中型轰炸机，载弹量和航程都有限。这意味着改装后的轰油6加油机仍有很大的限制，还难以提供较大的空中给油能力。

观察窗

加油锥套

小贴士

为了把轰6改装为轰油6，工程师们将轰6上所有与轰炸作战相关的设备替换成了执行空中加油任务所必需的设备，比如气象雷达、加油观察窗和两具加油吊舱。当飞机需要加油时，加油吊舱会打开门伸出里面的软管，将油加到受油机里。改装后的轰油6除自身用油外，能同时为两架战斗机进行空中加油。

想要更好的加油机，怎么办？

如果想要更好的加油机，需要设计一架内部空间大、载油量多、航程远的飞机作为加油机的改装平台。大型运输机无疑是最佳选择。有了它，空中加油机就能成为各型战机的"远航驿站"啦！

大型运输机项目（即运20）于2007年正式立项，唐长红被任命为运20项目的总设计师。国产新一代大型加油机也看到了曙光。

在设计之初，唐长红就考虑到了飞机改装的问题。他表示："飞机在设计初期，我们有所考虑，运20也可能根据需要，改装成各种特种飞机，比如空中加油机。"

从运8到运20，起飞重量从61吨跨越到220吨，别看数字翻了近4倍，但是设计难度却翻了不止30倍。

运20

起飞重量
220吨

运8

起飞重
61吨

也许你会说，这有什么难的，不就是把小飞机放大吗？

真不是这么简单的事儿呢！如果把飞机的尺寸放大一倍，那么机翼面积就要增大到原来的4倍，升力增加4倍，但是重量却增加了8倍！所以，科学家需要完全改变原有的设计，既要满足结构强度的要求，又不能让飞机增重太多。这比让大象在针尖上跳舞还要难啊！

为了早日研发成功，唐长红和他的团队经常工作到深夜，有时为了攻克一个技术难题，甚至整晚不眠不休。

有一次吃饭，他突然想到了一个技术问题的解决方案，于是对着服务员大喊："拿点纸来！"不明就里的服务员拿来了一叠餐巾纸，唐长红却全然不觉，就在餐巾纸上推导起了公式。在一同吃饭的同志们的惊诧目光中，唐长红靠着几张餐巾纸，解决了这个困扰他多日的技术难题。

再拿点纸来！

通常一个大型号飞机研制需要15到20年的时间，运20却要求"五年首飞、八年交付"，只有不到常规时间的一半，这几乎是不可能完成的任务。

但是，唐长红没有退缩，他率领着团队如期完成了运20的研制。

2013年1月26日，绰号"鲲鹏"的新一代战略运输机运20成功飞上了蓝天。

运20因拥有胖胖的机身，被大家亲切称为"胖妞"。

别看它"胖乎乎"，可实力一点都不含糊。作为一款航程超过7000千米、载重达66吨的重型运输机，它不仅大幅度增强了中国空军的战略运输能力，还为中国空军提供了新一代加油机的改装平台。

运20是如何变成运油20的呢？最大改动就是增加了储油设备和输油设备。储油设备就像是一个超大油箱，可以装很多油，而运20宽敞的货舱就非常适合安置超大油箱。输油设备就是将燃油输送给战斗机的油路管线。运油20装上了3具加油吊舱，分别位于两翼和机尾，油路管线就隐藏在加油吊舱内。

2022年，由运20改装而成的运油20空中加油机应运而生，能同时为3架战机加油，大大增强了加油能力！

听了唐长红院士的故事后，你是否也希望能够接过祖国航空事业的"接力棒"呢？也许在不久的将来，我们会有更多像运油20那样的空中加油机翱翔于天空，助力中国空军振翅蓝天！

大飞机到底有多大?

你乘坐过飞机吗?

飞机已经被公认为长距离出行最安全的交通工具,当你和家人或朋友出游时一定有机会搭乘它。

那么,坐过飞机的同学,你还记得自己乘坐的机型吗?或者说,你还记得那架飞机机舱内的特征吗?

每排有几个座椅,共几排?又有几条过道呢?

有的同学说,我坐过有两条过道的大飞机,上面少说也有300多名乘客呢。恭喜你,你乘坐的是相对较为少见的宽体客机。

又有同学说,我坐过的那架飞机只有一条过道,每排有6个座位,乘机安全须知上注明是一架波音737客机。啊,你的记性可真好!波音737和空客A320都是机场停机坪上常见的窄体客机。

上面两位同学乘坐的飞机，不论被称为宽体还是窄体，都是公众认为的"大飞机"。我们都知道，"大"是相对的。

在航空领域，什么样的飞机才算大飞机呢？

大飞机一般是指最大起飞重量超过 100 吨的运输类飞机，包括军用大型运输机和民用商业客机，也包括航程超过 3000 千米的其他飞机。如果单纯说客机，两个数字就能判定它是否为大飞机，那就是起飞重量超过 100 吨、载客超过 150 人的飞机，比如国产 C919 客机。

小贴士

"大飞机"并不是一个专业术语，也不是一个国际通用的称谓。2003 年科技部受国务院委托，组建了"大飞机项目论证组"，"大飞机"一词才在国内被普遍使用。可以说，"大飞机"一词，蕴含着中国人对中国航空工业的巨大期盼。

2022 年 9 月 29 日，中国民航局为国产大飞机 C919 颁发了飞机型号合格证，我国首款具有自主知识产权的大型喷气式民用飞机 C919 诞生了。要知道，世界上能独立完成大型民用飞机研发和制造的国家，不超过 5 个。为了这一天，C919 涉及的研发、制造、试飞等多个环节的几万名工作人员，努力了整整 15 年。

为什么制造一架大飞机这么难呢？

　　不同于航天器，绝大多数航空器，比如飞机，都可以反复多次起降使用；不同于执行军事任务的军用飞机，民用客机因为涉及众多乘客的生命安全，更是对安全系数要求极高。在飞机投入民航运营早期，因为设计制造问题和设备故障，曾发生过多起大型客机空难事故，这样的悲剧事件给社会带来了强烈的冲击和伤害。

血与泪的教训，让人们逐步认识到，必须对航空器的整个生产过程及其质量状态进行有效管理。为了满足几百、上千架同一机型飞机在成千上万小时的飞行中都能安全起降，民航客机的生产与制造难度是难以想象的。

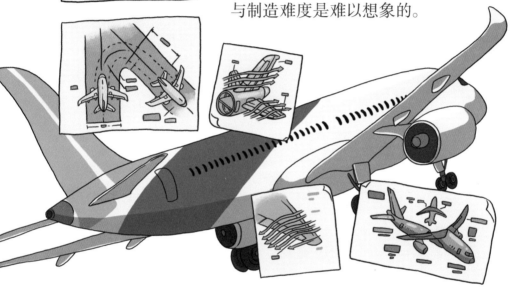

同学们，今天我们完全可以骄傲地说，我国自己研制生产的大飞机C919实现了跨越式突破，这种突破不能用某个新材料的应用来举例，也不能用某个新结构的试用来概括。这是系统性、产业型的突破与进步。C919 是中国目前为商业运营而研制的国产客机中体量最大的飞机，直接反映了我们国家民用航空工业，甚至整个工业体系的最高水平。

　　实现这个突破的荣誉属于参与 C919 研发、制造、试飞等环节的所有科研人员，也属于它的总设计师——中国工程院院士吴光辉。2008 年，48 岁的吴光辉正式出任 C919 大型客机总设计师。其实这不是他第一次做型号总设计师，在这之前，他担任过空警 2000 预警指挥机总设计师，还担任过国产支线客机 ARJ21 的总设计师。

　　为了尽快达到预期目标，在 C919 的总体研发过程中，吴光辉带头实行"711"和"724"的工作模式。同学们可能会好奇："711"指的是什么呢？"711"是指 1 个星期工作 7 天，每天工作 11 小时。那么，"724"又指的是什么呢？"724"是指在攻关关键期，1 周 7 天 24 小时连轴转，所有工作人员实行倒班制……在吴光辉的带领下，C919 研发团队成长迅速。

即使是在这样高的工作强度下，吴光辉还特意挤出时间，学习飞机驾驶，考下了飞行执照。有段时间，在湖北航空学院，每逢周末、节假日，总会有一位霜染两鬓却精气神十足的年长者早早来到训练场，和年轻人们一起参加训练。那一年，吴光辉 53 岁。这样的年纪学飞行，付出的要比年轻人多得多，更何况他工作那么繁忙。

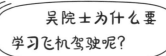

吴院士为什么要学习飞机驾驶呢？

"我只有真正从飞行员的角度来体验飞机的细节，在把关 C919 整体项目时，才更明白飞行员需要怎样的设计。"吴光辉院士这样解释他的原动力。

C919 已经商业载客飞行，让我们祝福它在未来飞行的日子里起落安妥。也祝愿中国很快能有 C929、C939 及更多型号的大飞机飞向世界各地。同学们，希望你们努力锻炼身体、刻苦学习本领，长大后也能研发出更多型号的国产大飞机。

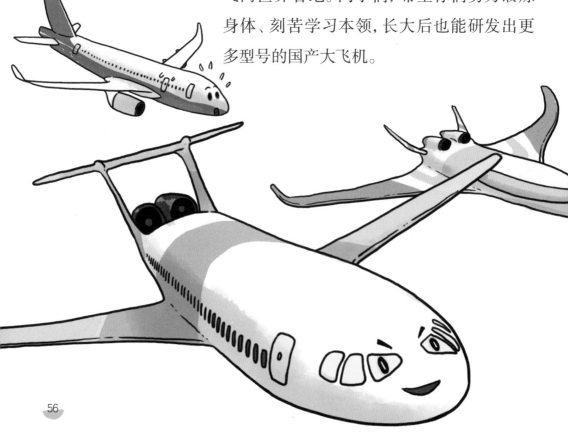

相信每个少年心中都有过一个"蓝天梦"——乘坐着或操控着飞机翱翔万里,与云朵共舞,与繁星相伴,在蔚蓝的天空中划出一道道美丽的风景线,那该多好啊!

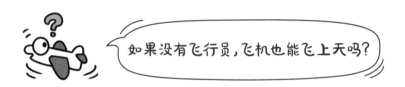

如果没有飞行员,飞机也能飞上天吗?

当然能!有一种飞行器叫无人机,它不需要飞行员就能飞,还能执行任务。

小贴士

无人机是一种由无线电遥控设备或自身程序控制装置操纵的无人驾驶飞行器。我们常见的无人机多为民用无人机,它们能点亮城市的夜空,演绎一场场精彩纷呈的灯光秀;能充当"空中警察",精准搜寻在深山中走失的人;还能穿越交通拥堵的城市递送快件等。

也许你曾操控过无人机,或者在书里、电视上看到过,但有一种无人机,我猜你一定没有近距离接触过,那就是应用于军事上的无人机。

在硝烟四起的战场上，它们是鬼魅的"杀手"，悄然逼近目标，完成任务后，又消失得无影无踪；在空气稀薄的高空大气中，它们是凶猛的"雄鹰"，可以携带2吨弹药，连续飞行20小时不落地，时刻准备执行远程侦察、攻击任务……这些有着独特功能的无人机，一度在战场上大放异彩。

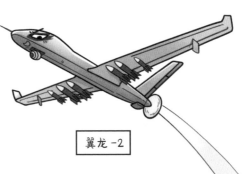

翼龙-2

2009年，在国庆60周年阅兵中，由北京航空航天大学无人机研究所研制的侦察无人机——BZK-005惊艳亮相。

国内第一架长航时无人机BZK-005型无人机可不是普通的侦察机，它是具有隐身能力的高空、远程、长航时无人机。

BZK-005型无人机

小贴士

高空、远程、长航时为什么重要？因为长时间高空飞行的无人机，就好比"大气层内的人造卫星"，除了有不可估量的实用价值外，还具有极强的震慑意义。

你玩过电动小汽车吗? 同样的电量, 小汽车越重, 电消耗得就越快。无人机也是如此, 要想空中飞行时间长, 除了给无人机增加升力, 还要"减重", 减小阻力。BZK-005型无人机采用的双尾撑气动布局设计, 增加升阻比的同时, 保证了结构强度, 能让飞机飞得更久、更轻松。

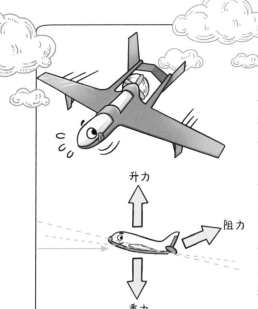

升力

阻力

重力

小贴士

双尾撑气动布局巧妙地给无人机提供了两个垂直尾翼。这样的设计, 能让飞机拥有更大的"翅膀", 提供更强的向上升力。

飞机的升力越大越好吗? 答案是不一定, 需要看升阻比的变化。升阻比是指飞机在一定迎角下, 升力与阻力的比值。当升力增加的速度没有阻力快时, 飞机的升阻比就会下降, 飞机就会飞得更吃力。除了升阻比的变化外, 还需要结合飞机的结构强度、用途等因素综合考虑升力。

世界上有很多国家不具备自主研制、生产军用无人机的能力，却希望拥有这样的装备，于是，基于BZK-005无人机平台的出口型察打一体无人机——"天鹰-1"（TYW-1）应运而生。

天鹰-1（TYW-1）

无人机在对敌攻击时，首先要对目标进行识别、定位、跟踪，然后由火控计算机计算，最后发射导弹。发射导弹的时机很关键，需要满足一定的攻击条件，对无人机的角度、高度等都有一定要求。因此，飞行控制系统与火控系统融合得越好，攻击航路规划得越合理，无人机的攻击效果就越有保证。

"天鹰-1"的厉害之处就在于，不但可以精准、流畅、高速地完成这一系列动作，而且还杜绝了人的因素对系统的影响，可以做到完全自主，大大提高了作战效能。

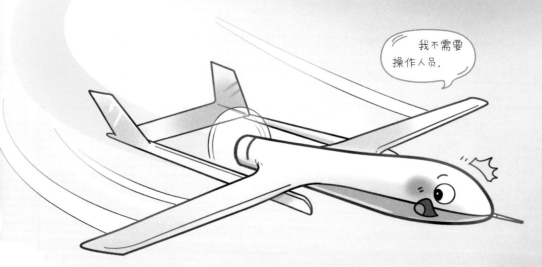

是不是感到很惊讶？没有飞行员，飞机不但能飞，还能参与空战！

这里所说的"没有飞行员"，不单单指飞机上没有飞行员，地面上也不需要操作员。

什么！连地面的操作人员也不需要了吗？

要知道，就连美国的"捕食者"无人机需要相当优秀的飞行员在控制站内操纵；以色列的无人机则需要操作员站在跑道边，使用控制手柄操纵飞机起降。

"天鹰-1"可以做到从起飞到降落的每一个环节，都是完全自主的智能化控制，而人工干预只是作为一种备份，是"万无一失"中的"以防万一"。

然而，从"有人"到"无人"，这条路走得并不轻松。

2000年，北京航空航天大学教授向锦武接到了研发BZK-005型无人机的任务，带领团队开启了充满艰辛的荆棘路。

万事开头难。有多难呢？

试飞只能用河北省某留守机场，一个废弃了近20年的旧营房就是他们的驻扎地。那里的水碱性很强，喝了闹肚子，一天要跑好几趟厕所，而且厕所还在1公里外；冬天的屋内没有暖气，凉飕飕的，比室外还冷；驻扎外地，一待就是300天，回北京反而成了"出差"。

每到关键的试飞与考核时，参研人员都会分组，每6小时换班休息。但向锦武不在此列，监控屏后第二排中间的那把椅子，就是他的阵地。在这把椅子上，当他因疲劳实在撑不住时，会打个15分钟的盹儿，惊醒之后，又会马上专注起来。

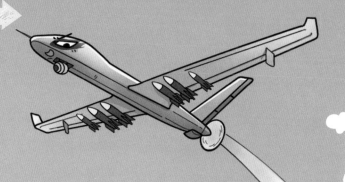

　　艰难困苦，玉汝于成。BZK-005型无人机终于首飞成功，中国成为继美国、以色列之后世界上第三个自主研制中高空、远程、长航时无人机的国家，实现了我国无人机由近中程、短航时向远程、长航时的跨越。

　　向锦武院士说："航空航天工业是大国工业，是科学技术制高点，要实现突破，任重道远，仍需努力，我们要实现从跟跑、并跑，到领跑的转变！"这就是他做过且正在做的事。

　　现在，除"天鹰-1"无人机之外，"彩虹"系列无人机、"翼龙"系列无人机等都在海外市场大放异彩。新锐的"中国代表队"，已经占据国际无人机市场的半壁江山。这张闪亮的名片，也代表着中国强大而内敛的军事实力。

　　同学们，你们长大后愿意投身这项任重道远的事业，参与到未来无人作战装备的研发中来吗？我相信答案一定是肯定的。

飞机为什么能飞行万里不迷航?

每年4月，当你来到丹东的鸭绿江口湿地，你总能看到成群结队的斑尾塍（chéng）鹬（yù）在飞鸣。它们从遥远的新西兰飞来，是目前人类已知的鸟类连续不间断飞行的冠军。

可能你会问：飞这么远，它们是怎么做到不迷路的？

其实，许多动物"识途"的能力都很强大，有的利用嗅觉，比如小狗；有的通过感知地球磁场，比如斑尾塍鹬。

引导一个移动的物体从出发地到目的地的过程，我们称为导航。比如，手机里都会安装方便我们出行的导航软件。你有没有好奇过，飞在天上的飞机，是利用什么导航的呢？

最早期的飞行探险家们，拿着地图飞。飞机飞得很低，甚至可以看到地面的标志物，探险家们就利用这些标志物来进行导航。后来，人们设置了导航台来发射无线电波。飞机接收到无线电波后，可以测量出相对导航台的方位和距离，就知道飞到哪里了。

准确知道自己在哪里，是到达目的地的前提。试图找出自己在哪里的过程，我们称为定位。

有精准的起点，并随时知道自己的位置，路径规划才有效，飞机才能准确地向着目的地飞行。

再后来，飞机越飞越高、越飞越远，甚至要跨大洋飞行。导航台总不能建到大海里去吧？人们想到了航海时代的探险家们是利用星星导航的，那么，航空时代也可以吗？

但是问题又来了，许多飞机的飞行要在白天进行，看不到星星怎么办呢？科学家想到了一个好主意——我们自己造星星。于是，就有了导航卫星。

我们一直环绕在地球周围，为人类提供实时数据。

但是，就像我们在隧道中，手机偶尔会接收不到信号一样，飞机也可能会遇到"丢星"的情况。那怎么办？

这就需要在飞机上多配备几种导航手段，用两种或者三种导航方式一起完成任务，我们称为组合导航。

你一定玩过一种玩具——陀螺，它很好地利用了惯性。一块倒着的圆锥形木头，用鞭子使劲一抽，就在地上快速旋转起来了，仔细观察你会发现，它始终绕着一个不存在的"轴"自转，我们称之为"定轴性"。

科学家利用高速转动陀螺的这种特性，实现了一种神奇的导航方式——惯性导航。

我转起来有一个方向稳定的轴！

一个旋转的陀螺

 为什么说它神奇呢？

因为惯性是所有物体的基本属性。惯性导航在工作时不需要依靠外部的信息，也不向外界发射任何信息，不容易受到干扰，可以在任何环境下自主隐蔽地进行连续定向和定位。所以，在航空航天领域，惯性导航非常受欢迎，组合导航的时候都爱带着它。

飞机仅依靠陀螺仪就能实现自主导航，有特殊的好处吗？当然有啦！比如，打仗时虽然我们有自己的"北斗"导航定位系统，但是未来战争很可能首先是太空战，天上的通信、导航卫星有可能成为被攻击的目标。到那时候，飞机要想实现精准定位与导航，惯性导航是最有效的手段。

正因为在战时的巨大作用，长期以来，惯性导航技术一直是被国外封锁等级最高的技术之一。我国科学家深知：要实现中国飞行器的自主导航，只有自主创新和研发一条路可走！

小贴士

20世纪40年代，我国惯性技术的奠基人林士谔放弃了国外优厚的待遇，归国参加抗战。新中国成立后，林先生参与创建了北京航空学院（现北京航空航天大学），为祖国培养了一批又一批惯性技术人才，铺就了自主创新和研发之路。

经过三代"陀螺人"70多年的不懈探索，我国实现了转子陀螺仪从无到有，同时还利用惯性技术推进了机械陀螺向光学陀螺的跨越。如今，房建成院士又带领科研团队迈向量子陀螺的崭新空间。

"只有靠自己，不能怕！我们必须得做出来，没有别的选择！"面对种种挑战，房建成院士坚定地说。

2003年"非典"时期，整个北京航空航天大学的校园都是静悄悄的，只有实验室里的陀螺旋转得飞快。

这是磁悬浮转子正在挑战世界纪录！

但要是它转着转着飞了出来那就危险了！为了实验安全，房建成带领学生就在隔离的实验室里，每天除了轮班休息，其他时间都在盯实验。

"我困得眼睛都睁不开了，房老师还声音洪亮地开会研讨方案呢。没想到房老师比20岁的小青年还能熬夜！"他的一个学生说。

我们要挑战世界纪录！

磁悬浮转子内部结构

在连续奋战近10天后，他们终于解决了转子的失稳问题，创造了当时该领域转速的最高纪录——每分钟43000转。

2007年，房建成团队获得了国家技术发明一等奖。怀里抱着代表最高荣誉的大红证书，房建成给学生们讲的，却是未来。

他说："前几代陀螺仪，我们都是在追赶。现在我们终于赶上了，更要抓紧攻关下一代陀螺，不但不能被落下，还要依靠我们的智慧与勤奋，实现引领！"

陀螺永不停转，希望同学们也能从中汲取一些力量，做更优秀的自己。

呼……

一架战斗机呼啸而起，穿云破雾，直扑目标。它身形矫健，机动灵活，是我们名副其实的蓝天卫士！

战斗机的武力值超强，靠的可不光是孔武有力的"身躯"，还有它极其敏锐的"眼睛"。

战斗机也有"眼睛"？

当然有，那就是雷达！

雷达是怎样"看"到东西的呢？

我们都知道，蝙蝠能在伸手不见五指的夜里飞行，靠的不是视力，而是超声波。

小贴士

蝙蝠在夜里飞行时，会发出超声波，超声波一旦遇到障碍物，就会反射到它的耳朵里。靠着这个本领，接收到信号的蝙蝠不但不会出"飞行事故"，还可以精准地抓捕猎物呢。

飞机看得远，是长了千里眼吗？

雷达的工作原理和蝙蝠一样，
主要通过发射电磁波，并接收目标
反射的回波来完成探测。

收到！

那么，有了雷达的战斗机，就一定能"看"得远吗？

雷达能"看"多远、"看"多清楚和它的尺寸、重量有关。
正所谓，想有"千里眼"，必须伴随"千斤重"。

可是，对于追求速度和灵活性的战斗机来说，太胖的"身材"显然是不行的。但如果雷达"身材"瘦小，又会使战斗机"看"的范围受限。

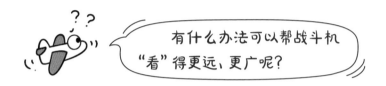

有什么办法可以帮战斗机"看"得更远、更广呢？

古人云："欲穷千里目，更上一层楼。"

对啊，如果我们能把大型雷达举得高高的，还让它随时"跑"起来，边"跑"边把信号传输给战斗机，战斗机是不是就能"看"得更远了？

那就再来一架比战斗机还大的飞机，把大型雷达放上去！

就这样，空中"千里眼"——预警机诞生了。

预警机

发现敌情！

人们经常把运输机甚至客机改装成预警机，因为它不需要特别强的灵活性，只要能长时间在空中停留，用特殊的大"眼睛"为战斗机提供广阔的视野就行。

此外，由于预警机"身体"大，正好可以把指挥系统搬到天上，做空中战场的"神经中枢"，指挥多架战斗机，协同合作。

于是，在今天的战场上，是否有可以一边探测、一边指挥战斗机作战的预警机，几乎成了决定空战胜败的关键。

然而，研制预警机并不是想办法把大型雷达搬进飞机那么简单。

早在20世纪60年代末，我国就进行过研制预警机的尝试。但因为一些关键技术问题无法解决，最终没能投入使用。

陈列于中国航空博物馆的中国的第一架预警机——空警1号

王小谟院士是我国著名的雷达专家，他很早就认识到预警机的重要性。20世纪90年代，我国与外方合作，共同研制预警机，王小谟出任中方技术总负责人。

他率先提出采用大圆盘、背负式、三面都配装发射和接收电磁波组件的新型预警机方案，并坚决要求中方主导研制方案，在国内同步研制。可是，最后外方放弃了合作，留给我们一架拆光了各种设备的预警机空壳。

这件事深深地刺痛了我们的科研人员，也激起了他们的斗志。王小谟和团队下定决心"争口气"，要靠自己的力量，研制出属于我们的预警机！自此，他们踏上了一条艰苦卓绝的漫漫"争气之路"。

这是我们第一次自主研制预警机，有多难，只有团队的人最清楚！从1999年立项，到2004年首飞成功，整个团队实行"711"工作制，即一周上7天班、每天工作超过11小时。每天面对的不仅是超高强度的工作压力，还有试验中飞机上90多分贝的噪声和不可预料的飞行风险。

在大戈壁上的试飞现场，夏日骄阳似火，封闭的机舱内温度达到了40多摄氏度，在里面工作就像蒸"桑拿"；到了冬天则滴水成冰，零下三四十摄氏度，即使裹皮大衣也瑟瑟发抖。

"每次下机后耳朵都不停地轰鸣，两三小时听不清声音"，但王小谟院士经常一上机就超过 4 小时，加班到凌晨更是常有的事。

正是在王小谟院士这种"中国人一定能行""中国人必须自己干"的独立自主的精神的支撑下，研制团队突破了预警雷达研制最为关键的"两高一低"技术，解决了天上雷达受地面杂波反射干扰的问题。

2009年，在中华人民共和国成立60周年阅兵式上，我国自主研制的预警机——空警2000和空警200，飞越天安门上空，接受祖国人民的检阅。这两型预警机使用完全由我国自主研制的雷达系统，王小谟院士带领他的团队兑现了诺言！

> **小贴士**
>
> "两高一低"就是高纯频谱发射机、高性能信号处理器、超低副瓣天线，这项技术使我国预警机的雷达具有杂音少、发射信号集中、指向性更好的优点。

空警2000背着一块大圆盘，而空警200则安装了一块长条形的部件。根据这两个特征，这两型预警机分别被亲切地称为"大盘机"和"平衡木"。它们背负的装置，正是预警机拥有"千里眼"的关键所在。

虽然许多预警机都背着大圆盘，但空警2000的大圆盘，可是世界独一份的中国创造。

人的视线范围是有限的。雷达与人眼一样，同样有"视角"限制。一组雷达天线并不能覆盖所有区域。为了实现360度全覆盖，通常的做法是让雷达天线转起来。

而我国科研人员则另辟蹊径，选择将3组天线拼接起来，用3个120度组成1个360度，解决了这个问题。

啊，你能360度无死角。

现在，我国已经从预警机技术几乎空白的国家，一跃进入世界第一梯队，成为预警机出口国。同学们，将来你是否也愿意像王小谟院士一样，加入到更先进的新型预警机研发团队中，为守卫祖国的蓝天贡献自己的一份力量呢？

在机场，一架架坐满了乘客的飞机滑向跑道，一飞冲天。

你有没有想过，一架载客量180人的民航客机，最大起飞重量超过100吨，相当于20头成年大象，为什么能在天空中自由翱翔呢？

100吨

是因为飞机的两个翅膀吗？不仅仅是。

如果仔细观察，你就会发现，在飞机的一对翅膀下面挂着几个巨大的"圆筒"。飞机之所以能在天空飞行，靠的就是藏在这几个圆筒里的小秘密。那就是发动机。

别小看这看似小巧的发动机，它就像是飞机的心脏，是飞机的力量之源，被誉为工业界的"明珠"，想要设计制造出来，极其困难。目前，能造飞机发动机的国家可不多哟！

1903年12月17日，莱特兄弟驾驶"飞行者一号"飞上天空，实现了人类的首次有动力飞行。那时候，他们使用的是一台4缸活塞发动机。

小贴士

活塞发动机是一种利用活塞运动产生能量的发动机。燃料与空气在气缸中混合，通过膨胀将燃烧产生的化学能转化为能推动飞机飞行的机械能。气缸数量越多，动力越大。

4缸活塞发动机

随着科技的发展，发动机从4缸发展到8缸、12缸、16缸、18缸等，飞机的动力越来越强。

虽然气缸越多动力越大，但活塞发动机需要通过进气、加压、燃烧和排气4个工作阶段才产生一次推力，工作效率太低。再加上它的外形阻力大，飞机飞不快、飞不高，也飞不远。

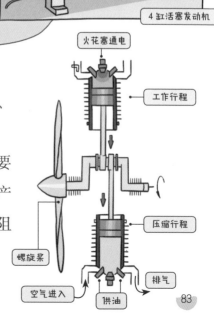

火花塞通电

工作行程

压缩行程

螺旋桨

空气进入　供油　排气

后来，人们发明了涡轮喷气发动机。在这种发动机里，进气、加压、燃烧和排气4个阶段连续进行，可以不断产生更大的推力，并且更加省油。因此，涡轮喷气发动机逐渐成为现代飞机的主流动力。

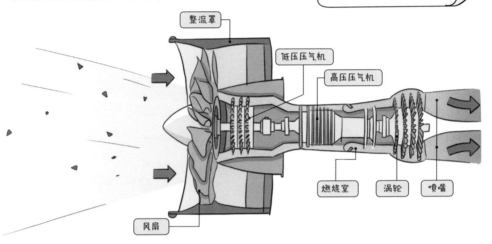

与西方国家相比，我国的航空发动机事业起步较晚，但科学家经过70多年的努力，已经给国家交出了一份漂亮的"答卷"。

2018年，我国的歼10B推力矢量验证机在第十二届中国国际航空航天博览会惊艳亮相。加装了具有国际先进水平的矢量推力发动机的歼10B一飞冲天，向人们展示了"眼镜蛇""落叶飘"等高难度特技动作。这些动作不仅需要发动机具备强大的推力，还要有灵活的推力调节能力和工作稳定性。

"眼镜蛇"机动

"落叶飘"机动

其实，矢量推力发动机是我国自己研发的众多先进发动机中的一种。我国在航空发动机研发中还有很多举世瞩目的成绩，比如，军用涡扇10发动机，它还有一个更加响亮的名字——"太行"。

太行，被称为"天下之脊"，人们用它来给涡扇10发动机命名，其中的深意不言而喻。"太行"在21世纪初投入使用，此后的20多年里，工程师不断应用和改装，发展出了多个子型号，使我国目前的主力战斗机，例如歼20、歼16、歼10C等，全部实现了动力国产化。

"太行"发动机填补了我国军用先进航空发动机的空白，为航空兵部队保家卫国提供着坚实可靠的动力。

在民用航空发动机领域，由中国航空发动机集团研制的CJ-1000A系列发动机，安装在国产大飞机C919上。而我国正在研制的大型飞机C929，将安装更大推力的CJ-2000发动机，这款发动机也正在有条不紊的研制当中。

你可能好奇，这么多超级强大的发动机，要靠什么样的"超级大脑"才能研制出来呢？其实，有些创新科技的灵感就来源于生活。

1968年，刚从学校毕业的高歌，来到了青海沙漠地区工作，那时候，他还只是一名普通的工程师。

"航空发动机是飞机的'心脏'，如果发动机功能上不去，飞机就会得'心脏病'。"当时的高歌一想到我国航空发动机和世界先进水平的差距，心里就非常着急。

那时，高歌工作的环境十分艰苦，而常年刮着的大风让他不断观察身边的自然现象。他发现，无论风多大，沙漠中的月牙沙丘总能保持原有的形状。

"为什么沙丘能维持不变？"这个奇怪的特性引起了他的好奇。

好奇的种子一旦种下就不断在心中生根发芽，让人不找出其中的奥妙就难以罢休。最后，高歌从大学所学的流体学的角度，解开了沙丘保持形态稳定的秘密，并把其中的原理应用到了飞机发动机上，发明了"沙丘驻涡火焰稳定器"。

在生活中，如果在风中点火，你需要用手挡住风。在喷气发动机的燃烧室里，想要火不被吹灭，也需要加上挡风的"手"。

当时人们普遍认为，想要保持发动机中火的稳定，就需要使用面积大一些的"手"，也就是稳定器。但稳定器做大了，阻力也就大了。稳定性和小阻力就像鱼和熊掌，不可兼得。

重力作用下滑

流沙堆积

涡流吹向两侧堆积

　　但高歌并不这么认为，他坚持着自己的理论，并一次又一次地进行试验。有一次，一位国外的权威教授参观他的实验台后，奉劝这位年轻人不要做这种研究。

　　这个小插曲并没有成为高歌前进路上的阻力。他最终的试验证明，"沙丘驻涡火焰稳定器"具有稳定性好、阻力小、燃烧效率高、不易振荡燃烧等特点。很快，它被用在了我国当时多种型号的喷气发动机中，还荣获了国家发明一等奖。

　　同学们，你们知道吗？其实科学家的很多发明、灵感都来自于周围的生活，来自于大自然，就像人类向鸟儿学习飞行，向鱼儿学习游泳，向蝙蝠学习雷达的原理，向鲸鱼学习声呐的原理……希望善于观察的你，也能从生活中、自然中获取灵感，得到意想不到的收获！

飞机是用什么材料制造的？

同学们，你喜欢玩纸飞机吗？用一张纸，加上多种多样的折法，就能折出造型不同、玩法不同的飞机是校园里最有人气的游戏之一。

但是，纸飞机也有弱点，那就是"脆弱易坏"。毕竟，纸飞机用的材料只是薄薄的纸而已，怕水，会变形，还容易被撕裂。

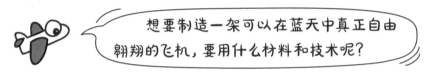

想要制造一架可以在蓝天中真正自由翱翔的飞机，要用什么材料和技术呢？

早在一百多年前，人们就在百般尝试。

1903年，"飞行者一号"以留空（从起飞到降落的时间）59秒、飞行260米的成绩，成为世界上第一架真正意义上的飞机。这架飞机采用木条、木板制成大梁和骨架，采用帆布制作机翼的蒙皮。木质结构靠螺栓连接，帆布蒙皮与木质翼肋靠缝纫技术相连。不论是材质还是制造工艺，都充满了古朴的味道。

小贴士

蒙皮类似飞机的"皮肤"，指包围在飞机骨架结构外，用黏接剂或铆钉等形式固定于骨架，用来维持飞机形态的构件。

这架飞机以每小时16千米的速度，飞出了人类真正实现航空梦想的第一棒，那时赛道上的绝对主角就是木头和帆布。

紧接着，战争爆发了。需求催生技术，飞机机身材料也向性能更加优越的铝合金、镁合金转变。

就这样，人类壮志凌云的第二棒，由合金材料领跑。

到了20世纪50年代末，耐疲劳、耐腐蚀、耐高温的新型航空材料——钛合金横空出世，凭借优异的性能通过了高温对机身和发动机的考验。

人类追求更高、更快的第三棒，钛合金一骑绝尘，闪闪发亮。

然而钛合金产量低，价格也极其昂贵，只能节省着用。于是，20世纪70年代起，新的航空复合材料应运而生，从此揭开了飞机材料的崭新篇章。这其中，最具代表性的就是碳纤维增强树脂基复合材料。

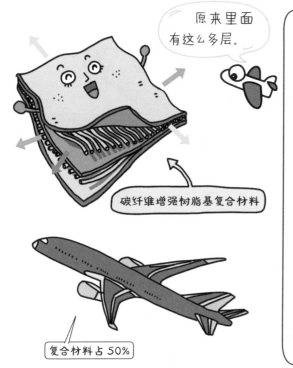

原来里面有这么多层。

碳纤维增强树脂基复合材料

复合材料占50%

小贴士

碳纤维增强树脂基复合材料是一种神奇的材料，可以把自己分成若干层的"薄布"，人们把这些"薄布"按照飞机不同部位的需要来"组装设计"。比如，在制造飞机蒙皮时，用几十层甚至上百层"薄布"沿不同方向一层层地铺开。每一层"薄布"的纤维方向是可调节的，人们通过调节纤维方向决定材料呈现的性能。因此合理设计每一层的纤维方向，就可以调节材料的整体性能，获得满足要求的复合材料。复合材料占飞机结构总重的比例成为衡量一个国家飞机制造技术是否先进的重要指标。

进入21世纪，先进飞机越来越依赖复合材料。目前，我国大型客机C919、大型运输机运20的复合材料用量均已超过15%，下一代宽体客机C929的复合材料用量更将达到50%。

复合材料的可设计性特点，也在一定程度上改变了金属飞机结构的设计模式。这推陈出新的第四棒，将人类航空制造的赛道变得更加宽广。

然而，不管是复合材料还是铝合金、钛合金等金属材料，它们想要成为飞机的零部件，需要经过各种技术的"千锤百炼"，而其中的一项"金属3D打印"技术就能让零件"长出来"！

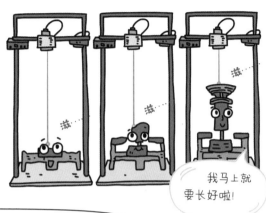

我马上就要长好啦！

为什么要让零件"长出来"？我们现在已有的制造技术不是已经能造出很多零件了吗？

没错，传统的制造技术可以满足大多数航空制造的要求，但是，当想要生产一些结构特别精密、复杂或是要求格外特殊的零件时，使用传统制造技术可能无法满足要求，比如工期太长、精度不足等。就算勉强可以，还可能由于浪费严重，让飞机设计师对一些造价高昂的材料望而却步——比如上文提到的钛合金。

在技术与成本的残酷竞争中，"金属3D打印"就成了飞机制造弯道超车的秘密武器。

我先走一步！

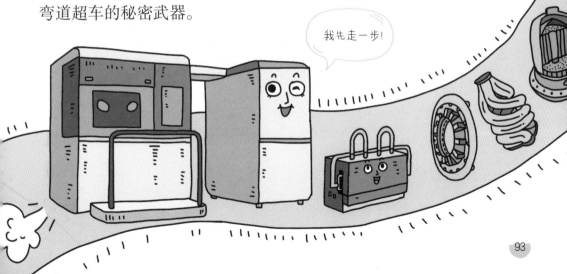

弯道是什么意思？就拿我国明星国产大飞机C919机头的钛合金主风挡整体窗框为例，当时国外只有一家欧洲的公司可以做，工期是2年，造价极其昂贵，仅模具费就要200万美元。北京航空航天大学的王华明院士团队，用时55天，就完成了这一大型零件的制作，成本还不到十分之一。

金属3D打印，就是将金属零部件原料放入特制的"打印机"中，在光与热的交融中，按照设计师的要求，一层层地直接成形制造出所需的零部件。这项技术学名叫作"金属增材制造技术"。

你肯定要问了，这么好的技术，别的国家也在用吧？其实，有些西方材料专家认为"金属3D打印飞机上的大型零部件"这条路走不通。

王华明却不接受这个"判决"！他不光要给我们的飞机制造事业省钱、省时间，还要带来更多可能性。

20世纪90年代学成归国后，王华明就马不停蹄地组建研究团队。最开始团队只有两个人，实验室给外人唯一的印象是：在北航操场附近，有个院子，白天平平无奇，夜晚灯火通明。

就在这个彻夜灯火通明的实验室里，2009年诞生了我国明星国产大飞机C919机头的钛合金主风挡整体窗框。

看起来轻描淡写的55天，背后却是不知道多少个日夜的艰辛。

2007年的腊月，王华明的实验室终于可以制造比较大型的结构了，研制工作到了最关键的时刻。除夕这一天晚上，实验宣告成功，一件足足有200公斤重的零件"打印"完成。

这个大家伙是从温度极高的激光打印机里"出生"的，在制作完成后必须马上放到炉里加热，否则温度变化会导致爆裂。可是，由于尺寸太大，王华明和同事们费了九牛二虎之力都没能把它放进炉中。

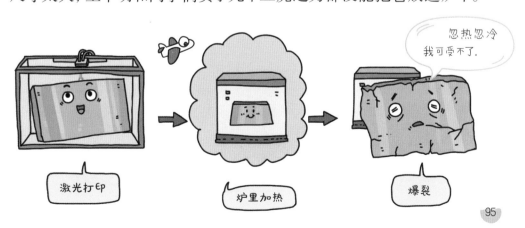

除夕的鞭炮声陆续响起，王华明把团队成员们劝回了家。

在回去的路上，王华明"心里像空了一块，又像被揉皱了"。初一一大早，他最早到达实验室，不出所料，零件整整齐齐裂开了。

"做技术就是这样，困难和问题如影随形。失败的时候沮丧一会儿，爬起来继续干。"王华明说。

不知道经历过多少次"爬起来"，王华明团队像"蚂蚁啃骨头"一样，一点点啃下了一块块"硬骨头"！

"看着零件像树苗发芽一样，一毫米一毫米地堆积成长，激光扫描一下，零件就长高一层，那种感觉非常神奇。"王华明说。

今天，零件"长出来"只是人们朝着飞机智能化方向迈出的一小步。未来，飞机内部将出现由智能材料制成的传感器和驱动器。它们就如人的神经和肌肉一般，能让飞机根据环境变化（如逆风、强烈的涡流）自动变体和主动控制。

你愿意为心目中的梦想飞机投身材料科学与工程领域，研制先进的飞机材料吗？

如果你乘坐过飞机的话,一定不会忘记飞机在起飞前的地面滑行,那段滑行距离有2500米左右。

如果把这个场景切换到一艘船上,那滑行距离要有多远呢?

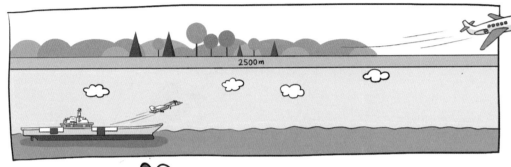

船上也能飞飞机?

是的,帅气、精锐的舰载机,就是从舰艇上起降的。

想要这个帅气可没那么容易。

因为航空母舰甲板留给舰载机起降的跑道长度一般只有100多米,不到陆地跑道的十分之一。

所以,想设计一架舰载机,要比陆基飞机难度大很多。

小贴士

陆基飞机指的是在陆地上起飞和降落的飞机。舰载机是指在航空母舰上起降的飞机,其性能决定了航空母舰的战斗力。

为什么一定要制造舰载机呢?

那得从第二次世界大战说起。当时以美日英等为代表的海军强国相继有大量航空母舰、舰载机服役,相当于给他们的舰队装备上了千里眼和激光剑。这让缺失舰载机的一方会因失去海上制空权而陷入被动的境地。自此,搭载舰载机的航空母舰成为海上强国的核心,其地位至今无法撼动。

为什么只有极少数国家有能力装备舰载机呢?

那是因为,现代战争对于舰载机的性能要求越来越高了。

现代舰载机以重型喷气战斗机为主,普遍装备了中远程空空导弹。飞机性能的提升导致机体增长、重量增加。比如,我国的第一代舰载机歼15最大起飞重量超过32吨,是二战时期舰载机的10倍。这不仅直接影响起降距离,也让舰载机的设计制造变得非常复杂。

小贴士

以俄罗斯著名陆基战斗机苏-27为例,它在起飞重量上与中国的歼15相当,其起飞时的滑跑距离不小于750米。而中国的"辽宁"舰留给歼15起降的跑道只有100多米。

因此,舰载机设计减少重量、增加升力是关键。

中国的舰载机是如何解决这些问题的呢?

舰载机是一个非常复杂的系统,歼15能够在中国海军顺利服役,离不开众多设计师和工程师的努力和付出。

自20世纪90年代开始,以歼15飞机总设计师孙聪院士为代表的一批中国航空设计师就开始了关于舰载机的研究。

孙聪院士说,刚接到任务时我们是懵的,当时西方国家已经在电脑上设计,而我们还是在纸上绘图。于是我们下决心要在歼15上尝试全数字化设计方法。

孙聪院士和他的研制团队一直承受着巨大的工作压力。他们坚守在工作岗位上,在基地试验两年多期间,阻拦索断过、机翼打碎过、轮胎爆过、发动机空中停过车……每一次都是高风险。为了观察飞机着陆过程中的细节问题,孙聪院士冒着生命危险站在飞机着陆区附近进行近距离观测。经过大家的共同努力,所有难关被一一攻克。

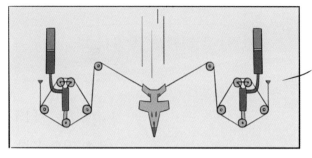

最终他们用一个又一个创新技术，实现了我国舰载机零的突破。

第一个创新是"瘦身技术"。

"一个很大的挑战，是舰载机重量控制的设计。"孙聪院士说。成本不是制造出来的，而是设计出来的。在飞机设计领域一直有着"为减少1克重量而努力"的说法。因为增加重量，意味着飞行难度的增加、成本的增加。

于是他们把目光锁定在金属3D打印。这种高科技可以让飞机的造型和用料完全由数字化控制，既省时又省料，造型还漂亮，综合使用成本节省将近1亿元人民币！

好轻盈啊！

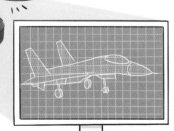

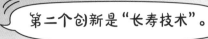

第二个创新是"长寿技术"。

我能飞30年都不累呢!

你们知道吗?飞机的构件经常工作也是会疲劳的。而这种疲劳、失效,很可能会给人机带来致命的灾难。歼15的这种"抗疲劳制造技术"能将一些关键构件的使用寿命提高十几倍甚至几十倍。

第三个创新是"增智技术"。

我现在很健康!

好的,收到!

因为飞机机体的各个部位都由无数个螺栓连接着,这些螺栓有时候会松动、断裂,有时候承受着和自身能力不符的重量。于是科学家为这些螺栓增加了传感器,它们立刻就变成了聪明的智能螺栓。

智能螺栓就像是有了"嘴巴",随时向工程师们反映自身情况。这大大提高了飞机的安全维护,"出工不出力"的螺栓也就自动下岗了。这是我国自主研发的一项具有世界先进水平的高科技产品。

像这样的创新技术，歼15还有很多。

舰载机飞行员被称为"刀尖上的舞者"。世界各国在研制过程中，都有很多舰载机失事的先例。为了保证飞行员安全，孙聪院士带领团队，反复分析失事视频，吸取经验教训。根据团队上千次的试验，他总结出来一套操作口诀，即"看灯、保角、对中"。

小贴士

"看灯、保角、对中"是舰载机飞行员着陆时的操作口诀。即眼睛盯着甲板上的菲尼尔灯，这是高度参照物；然后看飞机仪表盘，把迎角调整到合适角度；最后对准甲板跑道的正中轴线，俯冲、着舰。

原本西方媒体认为中国舰载机至少需要5年才能在辽宁舰上使用。没想到，在以孙聪院士为代表的中国航空人的努力下，仅仅用了2个月的时间，歼15舰载机就像它的名字"飞鲨"一样，在辽宁舰上一跃而起，并成功着舰。项目的进展速度大大超过西方同行的预估。

　　歼15舰载机的成功，令中国建立起舰载战斗机研发技术体系，形成了中国第一型舰载战斗机装备，使中国的战斗机实现了从陆地到海洋的跨越。

　　同学们，我们今天有如此强大的国防实力，正是因为有许多像孙聪院士这样的科研工作者的坚守与担当。未来的舰载战斗机会是什么样呢？也许它就会产生在你的设计方案里。

喜欢航空的你，认识这些保卫祖国的军用飞机吗？

装备着空空导弹或机炮，主要负责歼灭敌人的空中目标，像个空中特种兵的是战斗机；胖乎乎，长个大大的肚子用来运输装备、物资、人员的是运输机；个头不小，扔炸弹、远程发射各种导弹的是轰炸机；不需要跑道，可以野外起降，在火力打击、搜索救援方面担当重任的是直升机；不需要飞行员就能承担侦察、打击任务的是无人机……

此外，还有很多特种飞机：预警机背着"大盘子"或"平衡木"——那里边装着雷达天线，是空中指挥部；侦察机专门负责侦察敌人，特长是空中拍照，此外还收集敌人雷达的信号；反潜机拖着一根长长的"大尾巴"——用来探测磁场变化的磁异常探杆，能搜索定位敌人的潜艇，一旦锁定目标，就可以进行攻击……

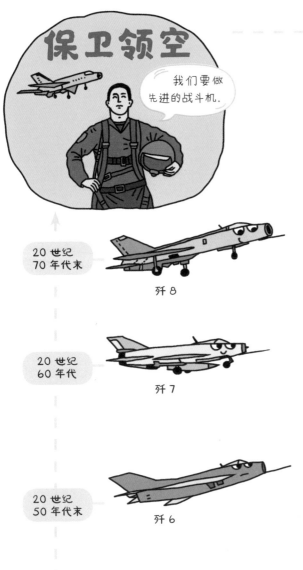

保卫领空

我们要做先进的战斗机.

20世纪70年代末　歼8

20世纪60年代　歼7

20世纪50年代末　歼6

这其中，保卫祖国的空中主力当属战斗机。

1956年7月19日，新中国第一架喷气战斗机歼5在沈阳首飞成功！但是，歼5，包括后来的歼6、歼7战斗机，都是仿照其他国家的战斗机设计制造出来的。自己制造和自己设计是两回事，而且当年，国外并没有把最先进的设计技术给我们。

到了20世纪80年代，世界主要大国都已经开始装备新一代先进战斗机，而我们的战斗机早已落后。

1956年　歼5

先进的控制系统

灵活的动作

歼10

雷达

电子屏

空空导弹

宋文骢院士

形势太严峻了，想要保卫祖国领空，就需要能和世界大国匹敌的先进战斗机。

没有先进战斗机怎么办？求人不如求己，只有靠自己设计！

谁来担纲设计重任？宋文骢院士成为新一代战斗机的总设计师，这就是日后大名鼎鼎的歼10战斗机！

从1986年正式立项到1998年首飞，歼10战斗机的研发历经12年，攻克了一个个前所未见的技术难关，培养了一个能打硬仗的设计团队！

小贴士

歼10战斗机先进在哪儿？一是非常灵活，在空中可以做出高难动作，咬住敌机不放，也可以在攻击得手后迅速脱离战场；二是雷达、电子设备先进，新式国产雷达捕捉目标又多又快，座舱仪表全面换装电子屏，飞行员再也不用盯着几十个仪表眼花缭乱了；三是攻击能力强大，可以发射先进的空空导弹，远距离击落敌机；四是有当时国内先进的控制系统，歼10是我国第一种采用电传操纵系统的飞机，飞行员所有的驾驶动作先由计算机把关，计算机再发出信号来控制飞机——就像操纵"自动挡"汽车一样，精确、省力，比"手动挡"飞机方便多了。

那时候，我们国家的建设处处都要花钱，但可花的钱不多，即便是研发歼10战斗机这样的高端装备，资金都非常有限。航空工厂也好，设计所也罢，成千上万张嘴等着发工资吃饭。

为了维持生活，很多人不得不离开了他们心爱的岗位。当时有个年轻人也做好了离职出国的准备，护照都办下来了。这时，宋文骢对他说："别走了。"年轻人认真思考了宋文骢的话，还真的留了下来。这位年轻人叫杨伟。

宋文骢非常器重杨伟。刚进设计所工作不久，宋文骢就让他负责飞行控制系统中电传操纵系统的研发。电传操纵的相关技术，国外一直对我国进行着严密封锁，甚至断言中国人过不了这一关。杨伟不信这个邪，率领研发团队拿出了十几个方案。

小贴士

电传操纵是一种将飞行员的操纵输入，通过转换器转变为电信号，通过计算机或电子控制器处理，再通过电缆传输到执行机构的一种操纵系统。电传操纵让计算机成为飞机的"大脑"，控制飞机的各种"动作"。

通过自主研发歼10战斗机，我国科学家攻克了设计先进飞机的众多技术难关！

飞行控制系统可以说是被攻克的最重要的堡垒之一，也是设计更先进飞机的"必修课"，是以杨伟院士为代表的科学家用聪明才智和一个个不眠之夜换来的。

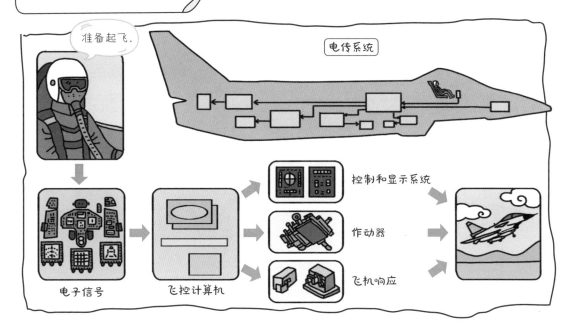

多年来，杨伟每天只睡四五个小时，把全部精力放在研发上。在杨伟看来，只要是真心想要去做一件事情，去实现一个目标，所受的那些劳累是可以忽略不计的。他说："我们既然选择了远方，便只顾风雨兼程。"

没有歼10战斗机的研发，就没有我国重型隐身战斗机歼20的横空出世。而担任歼20总设计师的，正是杨伟院士。

歼20战斗机从立项到2011年首飞，整个研发过程只用了3年零3个月! 这种研发速度，比起"十二年磨一剑"的歼10，快了整整3倍! 而国外与歼20同级别战斗机的研发时间是6年。

国外曾有人说，中国到2020年前造不出隐身战斗机。事实再次给出了回答: 我国重型隐身战斗机歼20彻底打破了超级大国在这一领域的技术垄断。

"只要国家需要，我们就会有适应的新的战机出现。"带着中国航空人的底气，杨伟院士和他的团队继续前进着。

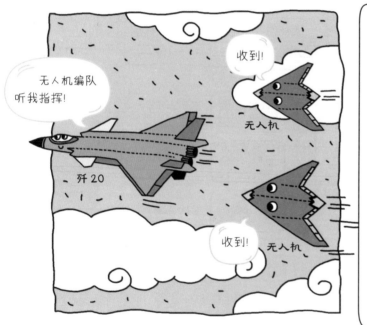

小贴士

歼20战斗机的升力指标达到世界同级隐身战斗机的巅峰。由于使用了大量先进的隐形材料和世界一流的超远程先进空空导弹，歼20战斗机成为了隐秘的"空中杀手"。最新的双座型歼20战斗机，可以指挥无人机协同作战，开创了世界有人机、无人机编队作战的先河。

同学们，我们安宁的生活是由日益强大的"中国力量"捍卫的，你是否也愿意将来像宋文骢、杨伟两位院士一样，成为新一代战斗机的设计师，为保卫祖国贡献自己的力量呢?

比比谁更快!

别着急,要稳稳的.

全都交给我!

世界上没有相同的两片树叶,地球上的每个人脾气秉性也各异。其实,不同的飞机也有着各自的"脾气秉性"呢。

战斗机动作灵敏,反应迅速,轻轻松松就能快速地爬升、转弯。

运输机"大肚能容",飞行稳健,不像战斗机那样"活蹦乱跳"。

民航飞机更像是"大家闺秀",不会跟乘客耍一丁点"性子",在保证乘客绝对安全的同时,还能保持舒适、静音……

各种飞机有各自不同的"脾气秉性",是因为它们有着不同的、复杂的内部结构,哪一方面出现小小的纰漏,都有可能影响飞行安全,严重的甚至会造成机毁人亡的惨剧。

所以,飞机的原型机造出来以后,必须有人把它们的"脾气秉性"摸出来。这些人,就是试飞员。

这是我们的医院。

中国飞行试验研究院

小贴士

人们把按照设计图纸生产出来的第一批供试验用的飞机称为原型机。试飞就像上天"体检"，试飞机构好比"体检机构"，试飞员是"体检医生"，要检查的是飞机原型机的各项指标。我国的飞机"体检机构"叫中国飞行试验研究院（俗称试飞院）。所有原型机在这里完成全部"体检"，才能够定型、成批生产。

飞机到底能飞多高多快？从供油、发动机到航电设备，甚至军用飞机武器系统，它们的工作特性是什么？每个显示数据是否符合设计预期？还有哪些需要调整改良的地方？飞机上的每一颗钉、铆是否合格、到位……

这些问题的答案都要靠试飞员——这群在和平时期离死亡最近的人——来回答。他们的日常工作之一是用自己的生命和飞机对赌，探索飞机的性能极限，因为飞机有的缺陷在地面上根本发现不了，只有飞上天才可能暴露出来。

你一定会问，万一飞机在天上出故障了岂不是很危险？

是的，而且危险还可能不止一次发生。

此时，试飞员必须依靠自己丰富的专业知识和经验，第一时间发现问题、解决问题，还要尽最大可能把故障飞机飞回地面，把关键数据保留下来，这样工程师们才能分析研究，改进性能，保证之后生产的飞机"健健康康"地上天。

好飞机是设计出来的，是制造出来的，更是飞出来的！

1978年6月，中国空军原试飞员王昂在试飞歼8战斗机时，发动机突然空中停车。事关生死的瞬间，王昂可以选择跳伞，但他坚持操纵飞机直到脱险，为的就是保住宝贵的试飞数据。

> ## 小贴士
>
> 1912年8月25日，我国航空家冯如在广州燕塘试飞新型飞机时不幸重伤遇难。去世前，他告诉助手，不要因为他死了就不去进取探索，要知道这是航空发展的必然阶段。这种舍生无畏、探索未知的精神，召唤了无数航空人为了中华民族的腾飞前赴后继。

王昂的事迹，激励着当时在南京航空学院就读的大学生李中华，在毕业后他选择了投笔从戎。1989年，李中华实现成为试飞员的梦想，从此走上了一条不平坦的人生之路。

2005年5月20日12时22分，李中华和战友梁剑峰正在低空试飞K-8V变稳飞机。

变稳飞机就像个优秀的演员，可以模拟其他飞机的特性，既可以像运输机那样平稳如山，又可以像战斗机那样灵活如燕……一架顶几架，"演"谁像谁。甚至在新型飞机还没有完全造出来的时候，工程人员就可以把相关参数输入机载的变稳计算机，这样在试飞过程中试飞员可以通过变稳飞机，提前掌握新型飞机的飞行特性，进而发现问题，给出改进意见。

变稳飞机的相关技术，过去只有美俄英法等航空强国掌握，属于核心机密，严控外泄。中国飞行试验研究院从20世纪70年代末开始发力，最后打破外国技术封锁，成功研制了属于中国自己的两代变稳飞机，为众多重点型号的成功试飞作出重大贡献。

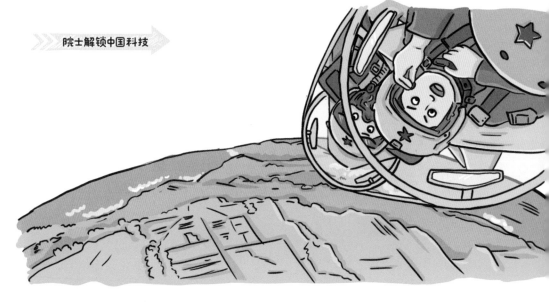

险情突然到来!

飞机突然向右剧烈偏转,机头上仰,机身一扭翻了过来。两位试飞员头朝地,脚朝天。而在这时,电传操纵系统突发故障,完全失效了!数秒之内,飞机从高度500米掉到200米,随时可能坠机。这时候跳伞根本行不通!

既然计算机操纵完全失效,关掉再说!

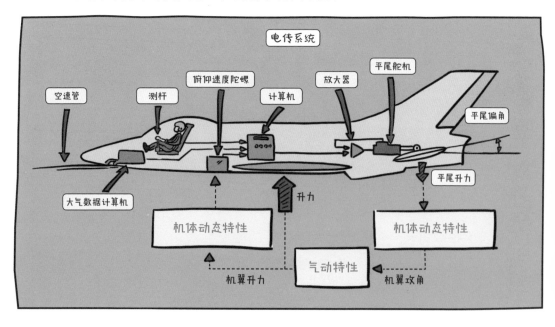

此时他们的身体被紧紧地压在座舱一侧。后座的李中华镇定地说了两个字："我来！"

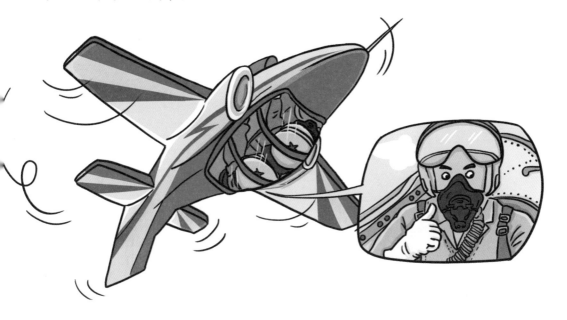

随后，他挣扎着腾出右手，把座舱侧面的3个电门全部关闭！

飞机马上切换回传统的机械操纵状态，这下飞行全靠试飞员的经验和双手了。李中华迅速将倒扣的飞机翻转过来，然后猛推油门，飞机重新跃上高空！

可是，飞机已经断电，无法和地面联系上。他驾驶着"黑屏"的飞机，凭借着多年练就的绝技，把飞机稳稳地降落到跑道上。珍贵的变稳飞机保住了！要知道，全试飞院当时能够模拟第三代先进战斗机的变稳机，就这一架！

李中华说："和危险抗争、搏斗，直至战胜它，是试飞员的使命，更是试飞员的光荣！"

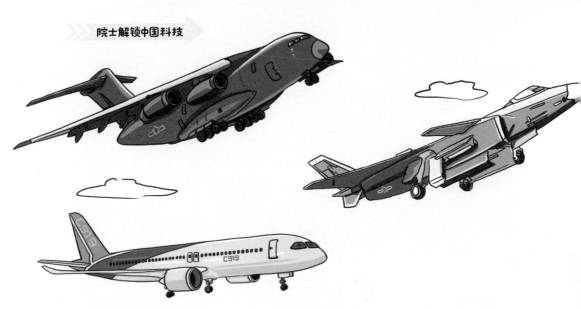

炫酷无比的隐身战斗机歼20，胖乎乎的战略运输机运20，国产大飞机C919……众多国之重器背后都有像李中华这样的试飞员们的巨大贡献。

如今，试飞的概念已经从测试一架"新飞机"，扩展到飞机的生命全程。在规划设计概念时，就要听取试飞员的意见，而在设计过程中，科研人员更是将试飞员的建议视若珍宝。

铁翼鹏程，云天为证。原型机的每一次拔地而起，都是"悬崖边缘的舞蹈"，而座舱里的试飞员们都是在"死亡的刀尖上跳舞"的勇者！同学们，让我们一起向他们致敬吧！

想要来一场说走就走的旅行吗？那你肯定离不开汽车、火车、飞机等交通工具。

你有没有发现，相比汽车、火车，乘坐飞机前的安检格外严格，对随身携带物品的限制尤其多。

与高铁一样，锋利的刀具、易燃易爆物品，都不允许带上飞机，这些都很好理解。但像水银温度计、带磁铁的玩具等，可以带上高铁，却不能带上飞机。

这是为什么？

我们乘坐的客机，一般会在离地面一万米左右的高空飞行。那里的温度、气压、氧气含量等，都与地面截然不同。为了保证乘客的安全，飞机舱窗做成了密闭的形式，不能像汽车窗户那样可以开关。

我的肚子好痛！

关上舱门的飞机客舱成了一个密闭空间。像水银温度计这样带有有毒物质的物品一旦被打碎，有毒物质挥发弥散在客舱里，就会造成人员中毒。

如果把飞机客舱里的天花板、座椅、地板都拆掉，我们能看到机舱的本来面目——圆形隔框、细长的桁梁，以及薄壳一般包裹住隔框和桁梁的蒙皮。不管隔框、桁梁还是蒙皮，都是金属材料。假如有毒物质渗透进地板下方，就有可能与它们发生反应，造成机舱的损坏。

正是由于飞机得在天上飞，跟地面交通工具的客舱环境有很大的不同，飞机安检才更加严格。严格的安检是保证客舱安全的条件之一。

小贴士

在万米高空，机舱外的温度大约是零下35摄氏度，气压降至0.3个标准大气压，含氧量也只有海平面的30%。没有特殊装备，人类无法生存。

123

天上的温度那么低，但我们在飞机客舱里，依然会觉得比较舒服。这是如何做到的？像在家一样，装个空调吗？

早在设计阶段，飞机设计师就在思考如何改善客舱环境，由此发展成了一门学科——人机与环境工程。

这门学科的工程师研究的是怎么让人安全舒适地待在飞机（飞行器）里。比如，客机在高空，周围是低压、低温、低氧含量的环境，那就造出对应的"空调"，不仅给客舱升温，还要增压、加氧，营造出一个让人比较舒适的小型空间。

小贴士

"人机与环境工程"中的"人"，指机器的操作者或使用者；"机"，指机器；"环境"，指人和机器所处的周围环境。之所以把人机放在一起，是因为这门学科的研究对象——机器基本是交通工具，人大多数时间在机舱里。

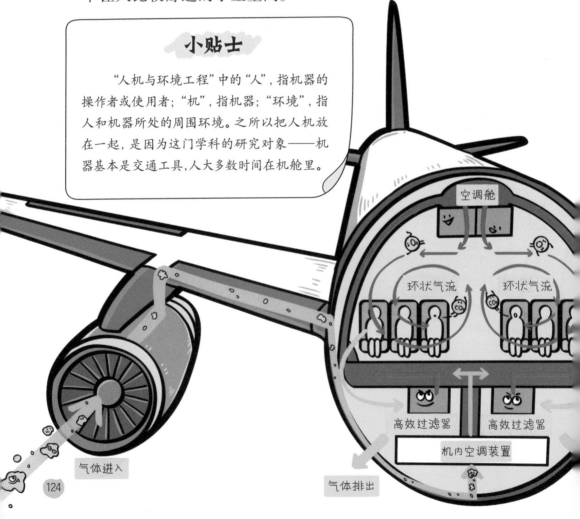

空调舱

环状气流　　　环状气流

高效过滤器　　高效过滤器

机内空调装置

气体进入

气体排出

20世纪50年代，国内还没有人机与环境工程专业。1959年，北京航空学院（今北京航空航天大学）准备开设"飞机高空设备"专业。学校从已经学习了5年的"尖子生"里挑出一批学生进入飞机设计系学习，王浚院士当时就名列其中。

换到新专业，一切从零开始？

听到换专业的消息，还在飞机设计系学习的王浚虽然没有立刻答应，但还是找了许多"飞机高空设备"的外文专业书，先自学了起来。

他读中学时，赶上了抗美援朝，听说国家没有自己的飞机，造成很大牺牲，就决心要搞航空，做一名急国家之所急的"红色工程师"。

转入"飞机高空设备"专业后，想要了解各种飞机高空设备的作用和效果，得做大量的实验。但飞机的飞行高度往往在数千乃至万米以上，那里的大气压力、温度、湿度等跟地面完全不一样，普通实验室提供不了类似的测试环境。

未来的红色工程师

既然没有，那就自己造。王浚跟着系里的老师一起查资料，自己设计高空模拟舱，再联系工厂生产。两年之后，这个"年轻"的专业，该有的基础设施终于都有了。

艰苦的条件并没有很快得到改善。王浚和他的同事们同样还是碰到了"缺衣少粮"的情况。那时为了让实验室内部的温度调节达到要求，需要一个大型的换热器。

可是，这样大型的换热器当时国内没有，自己也很难造出来。

怎么办？他们经过多方打听，了解到有些工厂里淘汰下来的换热器改造后可以在实验中使用。

然而，当他们兴致勃勃连夜赶到工厂所在地，好不容易联系上工厂时，才被告知这批换热器在几天前被卖到了废品站。

这个消息让王浚心头一沉，废品站那么多，具体是被卖到哪家了呢？即便找到了废品站也可能已经被处理掉了。

于是，在当地各家废品站里都出现他焦急寻找的身影。

太臭了！

苍天不负有心人。在一家废品站里,王浚和他的同事们找到了这一批换热器里仅剩的两台。他们如获至宝,连忙把这两台换热器运到了实验室,整个实验才能继续进行,并最终获得了成功。

现在,不管是战斗机飞行员的头盔,还是大型客机的"空调",都是人机与环境工程的手笔。

不过说到天上的交通工具,大家除了飞机,还会想到什么? 航天飞机、载人飞船? 人机与环境工程里的"机",包括它们吗? 答案是肯定的。

20世纪90年代,我国的载人航天工程刚刚起步,王浚就已经把研究做到了前头,不断探索模拟空间环境和载人航天器的技术,以及环境控制与生命保障技术。

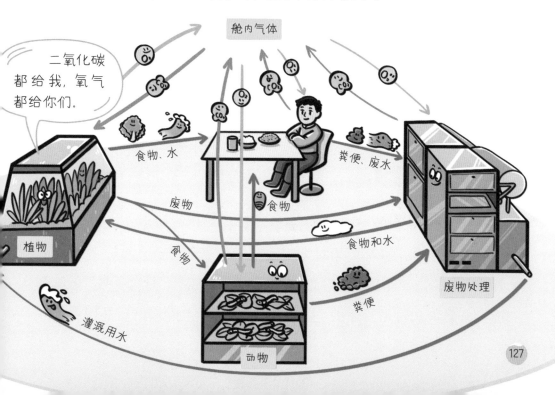

航天员要离开地球，在遥远的太空中生存，离不开氧气、水和食物。中国"天宫"空间站上使用了第二代生命保障技术，让3名航天员能在太空驻留半年之久。下一步，中国人想实现更长时间的太空驻留，就得研发第三代技术，打造一个与地球生态类似，由人、植物、动物、微生物等组成的受控生态系统。而"月宫一号"的成功，标志着我国在生物再生生命保障技术领域达到世界尖端水平。

小贴士

"月宫一号"是北京航空航天大学刘红教授团队打造的实验装置，设在北京航空航天大学校园内，由1个综合舱、2个植物舱组成。它的总面积160平方米、总体积500立方米，可以提供多人所需的全部氧气和水，大部分食物可循环再生。

无论是舒适的飞机客舱还是"月宫一号"，都是人机与环境工程技术的进步。随着人类对宇宙空间探索的深入，让人舒适地待在月球，将成为一个庞大的人机与环境工程难题。"月宫一号"会不会成为开启人类驻留月球的"钥匙"？这个问题也许你以后能回答。

未来的飞机长啥样?

乘坐飞机已经成为我们日常出行的主要交通方式之一。当你仰望天空，看到飞机从头顶掠空而过时，是否想过：未来的飞机会是什么模样呢？

是带着翅膀在头顶上飞行的出租车，还是像鸟儿一样能扇动翅膀的飞行器……什么？你说这些都是不切实际的幻想，只存在于科幻电影中？不，这一幕即将在现实生活中上演！

想象一下，在一个阳光明媚的周末，你跟随爸爸妈妈开启一场说走就走的自驾游。可是，路上的车辆似一条长龙，堵车了！

要是汽车能插上翅膀，就地起飞，一下飞到目的地该多好啊！别着急，"空中出租车"可以帮你解决燃眉之急。

"空中出租车"属于电动飞机，每次能搭载不超过 5 名乘客。它的外形多种多样，有的像小型的直升机，有的像大号的无人机，有的像飞碟。别看它身材小巧，但它不需要借助跑道，可以从高层建筑的顶楼、草地、空旷地带的专用停机坪垂直起飞、垂直降落，更适合在城市上空飞行。

你可能会问，如果"空中出租车"多了起来，会不会像地面上的汽车一样发生交通事故呢？

答案是不会。"人工智能司机"可以让"空中出租车"听从系统指挥，沿规定航路飞行，智能化调整最佳飞行路径和高度，这样就能防止它们在空中"横冲直撞"啦！

有了"空中出租车"，你不用再为交通拥堵而担忧。穿梭于城市上空，俯瞰繁华的街道，欣赏飞行途中的美景，这是一件多么美妙的事啊！

空中交通指挥中心，本机前方出现一架逆飞无人机，我已紧急避让。

清洁能源无污染。

小贴士

现在我们看到的各种载人飞机，外形各不相同，有些是固定翼客机，有些是旋翼直升机，但它们通常都使用航空煤油或航空汽油作为燃料。

对于为城市设计的"空中出租车"来说，必须要考虑到空气污染的问题，所以采用的是电动机来提供动力。它们的电力来自储存能力很强的锂电池、氢燃料电池等。飞机"烧"清洁能源，自然就不会产生尾气啦！

这么便捷又高效的飞机是由什么人设计出来的呢？在未来，它们可能会由工程师和人工智能共同"设计"，并由飞行员与人工智能一起"驾驶"。

人工智能如何与工程师成为"黄金搭档"？

当工程师们需要设计一架新飞机时，人工智能"小助手"就可以大展身手了。因为它拥有超强的计算能力和智能分析能力。

工程师们先把初步的设计方案交给人工智能，人工智能在虚拟世界里以1:1的比例生成虚拟飞机，再把它放入虚拟实验室里进行各种技术验证，比如风洞试验、静力测试和疲劳检测等。最后，人工智能出具一份实验报告，不仅详细列出所有的实验数据，还会给出优化方案。

那工程师们会采用人工智能给出的优化建议吗？不一定。最终的决策还是要通过真实世界中的不断验证和考验。有了人工智能这个"小助手"的帮助，工程师们不仅能在海量的设计方案里优中选优，还能大大减少实验所需的时间。

飞行员如何与人工智能一起"驾驶"呢？

在飞行过程中，飞行员和人工智能可是形影不离的"伙伴"哟！如果把飞行员想象成"船长"，那人工智能就是"大副"，飞机上的各种传感器和武器等都是"船员"。"船长"掌舵，发布指令；"大副"则带领"船员"完成各项任务。

所以，飞机要想在飞行时变得高效和安全，离不开工程师和人工智能的默契配合。

在未来战场上，我们还会看到有人机与无人机群组成的小队。有人机飞行员发布任务，无人机群则根据计算做出决策，自主完成所有动作。越来越"聪明"的无人机群，甚至懂得向太空中的"卫星伙伴"求救。

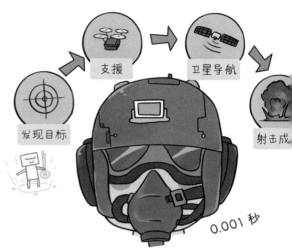

人类自古以来梦想着像鸟那样自由地振翅飞翔，还会遥不可及吗？

西北工业大学和北京航空航天大学的团队就做出了能持续飞行1小时以上的扑翼机。诀窍是研究鸟类飞行的录像，找到鸟类扇动翅膀的规律，并用轻薄的材料复刻出来。

持续飞行1小时

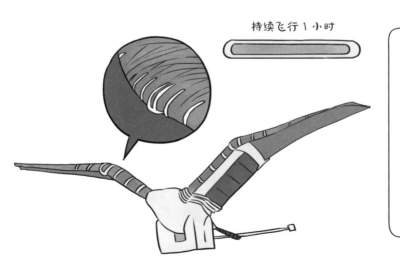

小贴士

扑翼机是指机翼能像鸟和昆虫翅膀那样上下扑动的重于空气的航空器，又叫振翼机。扑动的机翼不仅产生升力，还产生向前的推动力。

但还原鸟类的翅膀，涉及复杂的气动原理和难以实现的机械结构。以目前的技术水平，扑翼机的尺寸小，发挥不了优势。如果用可编程智能材料（结构）替代一部分扑翼结构，或许会有新的突破。

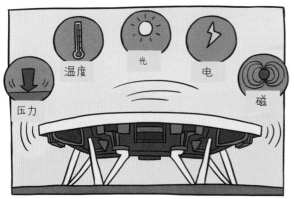

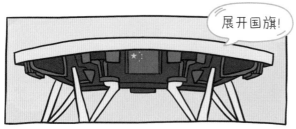

展开国旗！

小贴士

可编程智能材料（结构）是一种能够感知外部环境变化，并能主动对压力、温度、光（亮度）、电、磁等变化，做出相应变化的新型多功能材料（结构）。

我国"天问"1号着陆平台上的国旗使用了可编程智能材料。刚登陆火星时，国旗卷着，像一个卷轴。不一会儿工夫，自动展开成一面长360毫米、宽240毫米的五星红旗。

未来飞机用上可编程智能材料，就能像鸟儿一样自由飞行。想象一下，在不同的飞行阶段，飞机的机身、机翼可以主动变形，以此降低飞行阻力，提高飞行效率。飞机尾翼和机翼的翼尖，可以模拟鸟的羽毛形状，继续提高飞行效率。

变形加速！

当扑翼机的尺寸变大，能做的事情可就太多了。采用新材料的扑翼机能耗很低，通过可编程智能材料太阳能电池板收集和储存能量，可以长时间留在空中。也许有一天，你会发现扑翼机悄悄混在了候鸟群里，观察鸟类的迁徙规律，不时帮助掉队的鸟儿顺利归队呢！

科学家还发现，相比现有机型，扑翼机在空气稀薄的地方飞得更持久。未来的扑翼机也许会搭乘火箭，去往月球、火星甚至更远的地方，在那些星球的表面翩翩起舞，采集科学数据，发回第一手资料。

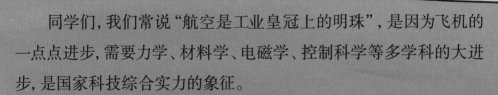

同学们，我们常说"航空是工业皇冠上的明珠"，是因为飞机的一点点进步，需要力学、材料学、电磁学、控制科学等多学科的大进步，是国家科技综合实力的象征。

未来飞机的畅想很美好，你是否愿意成为一名航空工程师，让梦想变为现实？

信息卷 ▶

人工智能、无人驾驶、元宇宙、量子传输、5G 技术、大数据、芯片、超级计算机……这些搅动风云的热门词汇背后，都有哪些科学原理？中国科学家怎样打破科技封锁的"玻璃房子"，一次次问鼎全球科技高峰？快跟随中国工程院院士孙凝晖遨游信息科技世界，读在当下，赢在未来！

医药卫生卷 ▶

近视会导致失明吗？你能发现身边的"隐形杀手"吗？造福世界的中国小草究竟是什么？是谁让青霉素从天价变成了白菜价？……中国科学院院士高福带你全方位了解医药卫生领域的基础知识、我国的科研成就，以及一位位科学家舍身忘我的感人故事。

化工卷 ▶

什么样的细丝能做"天梯"？什么样的药水能点"石"成"金"？什么样的口罩能防病毒？什么东西能吃能穿还能盖房子？……中国工程院院士金涌带你走进奇妙的化工王国，揭秘不可思议的化工现象，重温那些感人的科学家故事。

农业卷 ▶

"东方魔稻"是什么稻？怎样让米饭更好吃？茄子可以长在树上吗？未来能坐在家里种田吗？……中国工程院院士傅廷栋带你走进农业科学的大门，了解我国农业的重大创新与突破，体会中国科学家的智慧和精神，发现农田里那些令人赞叹的"科学魔法"。

林草卷 ▶

谁是林草界的"小矮人"？植物有"眼睛"吗？植物怎样"生宝宝"？为什么很多树要"系腰带"？果实为什么有酸有甜？……中国科学院院士匡廷云用启发的方式，带你发现植物的 17 个秘密，展示中国的林草科技亮点，讲述其背后的科研故事，给你向阳而生的知识和力量！

矿产卷 ▶

铅笔是用铅做的吗？石头也会开花吗？为什么"真金不怕火炼"？粮食的"粮食"是什么？什么金属能入手即化？……中国工程院院士毛景文带你开启矿产世界的"寻宝之旅"，讲述千奇百怪的矿产知识、我国在矿产方面取得的闪亮成就，以及一个个寻矿探宝的传奇故事。

交通运输卷 ▶

港珠澳大桥怎样做到"海底穿针"？高铁怎么做到又快又稳？青藏铁路为什么令世界震惊？假如交通工具开运动会，谁会是冠军？……中国工程院院士邓文中为你架构交通运输知识体系，揭秘中国的路为什么这么牛，讲述"中国速度"背后难忘的故事。

石油、天然气卷 ▶

你知道泡泡糖里有石油吗？石油和天然气的"豪宅"在哪里？能源界的"黄金"是什么？石油会被用完吗？我国从"贫油国"到世界石油石化大国，经历了哪些磨难？……中国科学院院士金之钧带你全面了解石油、天然气领域的相关知识，揭开"能源之王"的神秘面纱。

气象卷 ▶

诸葛亮"借东风"是法术还是科学？能吹伤孙悟空火眼金睛的沙尘暴是什么？人类真的可以呼风唤雨吗？地球以外，哪里的气候适合人类居住？……中国科学院院士王会军带你透过千变万化的气候现象，洞察其背后的科学知识，了解不得不说的科考故事，感受气象科学的魅力。

环境卷 ▶

什么样的土壤里会种出有毒的大米？地球"发烧"了怎么办？怎样把"水泥森林"变成花园城市？绿水青山为什么是金山银山？……中国科学院院士朱永官带你从日常生活出发，探寻地球环境的奥秘，了解中国科学家在解决全球性环境问题方面所作出的巨大贡献。

电力卷 ▶

电从哪里来？什么东西能发电？电怎样"存银行"？……中国工程院院士刘吉臻带你系统性学习电力相关的科学知识，揭秘身边的科学，解锁电力的奥秘，揭示中国电力的发展历史及取得的辉煌成就，了解科学家攻坚克难的故事，学习他们勇于探索的精神。

航天卷 ▶

人造卫星怎样飞上太空？航天员在太空怎么上厕所？从月球上采集的土壤怎样运回地球？从地球去往火星的"班车"，为什么错过就要等两年？……中国工程院院士栾恩杰带你了解航天领域的科学知识，揭开"北斗"指路、"嫦娥"探月、"天问"探火等的神秘面纱。

材料与制造卷 ▶

难闻的汽车尾气可以"变干净"吗？金属也有"记忆"吗？牙齿也可以"打印"吗？五星红旗采用什么材料制作，才能在月球上成功展开？北斗卫星的"翅膀"里藏着什么秘密？……中国工程院院士潘复生带你了解材料与制造相关的科学知识，发现我国在该领域的新成果、新应用，展现有趣、有料的材料世界。

水利卷 ▶

水怎么才能穿越沙漠？水也会孙悟空的七十二变吗？黄河水是怎么变黄的？建造三峡大坝时是怎么截断长江水的？水电行业的"珠穆朗玛峰"在哪里？我国在水利方面有哪些世界第一？……中国工程院院士王浩为你展示神奇又壮观的水利世界，激发小读者对浩荡水世界的浓厚热情。

建筑卷 ▶

我们的祖先最早只住在山洞里吗？你知道故宫有多牛吗？各地的房子为什么长得不一样？我们能用机器人盖房子吗？火星上能建房子吗？未来的房子会是什么样子呢？……中国工程院院士刘加平带领你探索各种建筑的秘密，希望你们长大后加入建设美好家园的队伍。